Landmaschinen

Michael Dörflinger

Landmaschinen

KOMET

Autor: Michael Dörflinger
Gesamtherstellung: KOMET Verlag GmbH, Köln

ISBN 978-3-86941-245-0

www.komet-verlag.de

Inhalt

Das Arbeiten in der Landwirtschaft war seit jeher ein Knochenjob. Auch wenn schon früh der Einsatz von Maschinen die Tätigkeiten erleichterte, floss der Schweiß doch weiter. Heute geht vieles einfacher und schneller. Die Landmaschinen sind bedeutend größer geworden. Bei diesem Feldeinsatz arbeiten Traktoren mit Bodenbearbeitungsgeräten und Drillmaschinen.

Einleitung

Die Entwicklung der Landmaschinentechnik

Mit der Sesshaftwerdung der bisher als Nomaden herumziehenden Menschen begann in der Zeit der Vorgeschichte die Entwicklung der Landwirtschaft. Doch bis die ersten richtigen Landmaschinen erfunden wurden, vergingen viele Jahre des Schuftens mit Äxten, Stöcken und Messern. Andere Geräte waren Hacken und Rechen, Dreschflegel und Holzpflüge. Größere Ackerflächen konnten mit diesen Werkzeugen natürlich nicht bewirtschaftet werden. Was geerntet wurde, genügte meist nur dem eigenen Bedarf. Doch selbst um diesen sicherzustellen, brauchte man viele tätige Hände: für das Säen, Ernten und den Abtransport der geborgenen Feldfrüchte.

Die frühe Landtechnik

Bei den Römern, die ein altes Ackerbauernvolk waren, stand die Landwirtschaft in hohem Ansehen. Deshalb hatte sich bei ihnen eine reife agrartechnische Kultur ausgeprägt. So hatten sie einen Pflug entwickelt, der Räder, Schare und ein Streichbrett besaß. Auch eine Mähmaschine kannten sie bereits. Während in China schon ein Eisenpflug verwendet wurde, verfiel die Feldbestellung in Europa im Mittelalter. Immerhin kannte man noch primitive Holzpflüge, die reichere Bauern mit einem Zugtier nutzten. Die meisten der politisch entrechteten, verarmten Bauern mussten sich mit Spaten, Hacke, Rechen und Sichel begnügen.

Die Entwicklung der ersten echten Landmaschinen erfolgte erst in der Aufklärung. Im 18. Jahrhundert wurde in Großbritannien die erste funktionierende Drillmaschine erfunden, Eisenpflüge und Dreschmaschinen folgten. Aus der Neuen Welt waren neuartige Feldfrüchte herübergekommen, vor allem Kartoffeln und Mais, die neue Anbaumethoden verlangten. Das 19. Jahrhundert wurde im Bereich der technischen Entwicklungen für die Landwirtschaft von den Amerikanern geprägt. Der erste selbstreinigende Pflug, Mähmaschinen, Mähbinder und Dampfdreschmaschinen wurden auf der anderen Seite des Atlantiks erfunden. Auch der erste Traktor und der erste Mähdrescher stammen aus den Vereinigten Staaten.

Während in den englischsprachigen Ländern das Problem der fehlenden Arbeiter den Anstoß zu technischen Errungenschaften gegeben hatte, sah die Lage im deutschen Sprachraum ganz anders aus. Helfende Hände gab es genug. Und wo es nicht reichte, warb man aus Polen und anderen Ländern billige Arbeitskräfte an. Die deutsche Wissenschaft versuchte, durch eine bessere Anbaupraxis und künstliche Düngemethoden den Ertrag zu erhöhen. Dadurch gelang es, aus der vorhandenen Anbaufläche eine bessere Ernte zu erzielen.

In Deutschland war die 1859 in Mannheim gegründete Firma Lanz jahrzehntelang der führende Traktorenhersteller. Der unverwüstliche Glühkopfmotor des Lanz Bulldog war für die technisch unerfahrenen Landwirte ideal. 1956 wurde Lanz von dem US-amerikanischen Landmaschinenhersteller John Deere übernommen.

Geräteträger kamen in Deutschland in den 1950er-Jahren auf. Sie besaßen den Vorteil, mehrere Arbeitsschritte auf einmal durchführen zu können. Viele von ihnen verfügten auch über eine Ladepritsche wie dieses Modell von Fendt.

Motorisierung der Landwirtschaft im 20. Jahrhundert

Europa hinkte zu Anfang des 20. Jahrhunderts bei der Entwicklung agrartechnischer Errungenschaften etwas hinterher. Aber die Zeit nach dem Zweiten Weltkrieg brachte auch hier die flächendeckende Mechanisierung der Landwirtschaft. Nun konnten sich nicht mehr nur Großbetriebe Traktoren leisten, sondern auch kleine Höfe. Zahlreiche Firmen von teilweise nur regionaler Bedeutung schossen aus dem Boden und bauten kleine, nur 10 bis 16 PS leistende Traktoren, die das Pferd- oder Ochsengespann ersetzten.

Die Bodenbearbeitungs- und Erntemaschinen wurden jetzt so gebaut, dass sie zusammen mit dem Traktor eingesetzt werden konnten. Zapfwelle und Hubwerk der Schlepper schufen eine Vielzahl neuer Anwendungsmöglichkeiten. Hinzu kam die Entwicklung der Traktorhydraulik, die es nicht nur ermöglichte, schwere Maschinen anzubauen, sondern auch den wichtigen Frontladerbetrieb. Auch bei der Heu- und Strohernte tat sich etwas. Die vom Traktor gezogene Hochdruckpresse war zwar schon seit Längerem bekannt, aber sie gewann erst schnell an Verbreitung, als auch die nötige Traktorleistung verfügbar war. Die gepressten Ballen waren zu schwer, um mit der Heugabel auf den Anhänger gehoben zu werden. Stattdessen waren die Pressen mit einer Ballenrutsche oder einer hydraulisch angetriebenen Ballenschleuder ausgestattet. Später wurden Rundballen- und Großballenpressen entwickelt, welche die Heu- und Strohernte noch weiter vereinfachten.

Die Landtechnik in Gegenwart und Zukunft

In den 1970er-Jahren tauchten selbstfahrende Feldhäcksler auf. Ihr Erscheinen hing mit dem zunehmenden Anbau von Mais zusammen. Die Mähdrescher wuchsen an Größe, Leistung und Ausstattung. Moderne Kabinen schützten vor Staub, Lärm und Sonneneinstrahlung. Überhaupt liegen selbstfahrende Maschinen im Trend. Dazu gehören Feldspritzen und Grasmäher.

Angesichts der hohen Anschaffungskosten sowie der zunehmenden Umweltauflagen wird der optimierte Einsatz der Betriebsmittel immer wichtiger. „Precision Farming" oder „Präzisionslandwirtschaft" umfasst die Technologien und Methoden, die dazu führen sollen, dass genau so viel an Saatgut und Pflanzenschutzmitteln ausgebracht wird und die Maschinen genau so eingesetzt werden, dass der optimale Ertrag erzielt wird. Eine zentrale Rolle spielt dabei der Bordcomputer des Traktors. Dazu kommen Lenkhilfen und automatische Lenksysteme mithilfe von GPS. Oft können dem Bordcomputer auch Bedienfolgen einprogrammiert werden, wie Heben oder Senken des Pfluges, die er dann auf Knopfdruck selbstständig ausführt. Die Vorstellung von Landautomaten, die unsere heutigen Landmaschinen ablösen, ist keine unrealistische Fantasie mehr.

Die Bodenbearbeitung mit mehrscharigen Pflügen wie dem hier abgebildeten Modell VX der norwegischen Firmengruppe Kverneland wurde durch PS-starke Traktoren begünstigt. Früher mussten Zugtiere ins Joch treten. Das war mühsam und zeitraubend.

Riesige Saatguttanks und zusätzliche Arbeitsgeräte ermöglichen es heute, die Aussaat auch direkt auf dem verstoppelten Acker vorzunehmen. Das Bild zeigt eine Rapid A 600 des schwedischen Herstellers Väderstad. Um den Bodendruck zu vermindern, besitzt der Traktor eine Zwillingsbereifung.

Moderne Mähdrescher wie das Modell CR 960 des US-amerikanischen Landmaschinenherstellers New Holland leisten mehr als 333 PS und wiegen bis zu 16.000 Kilogramm. Da den meisten Landwirten eine solche Maschine zu teuer ist, übergeben sie die Erntearbeit an einen Lohnunternehmer.

Während früher das Saatgut noch mit der Hand ausgeworfen und später mit kleinen Drillmaschinen in den Acker gebracht wurde, erledigen heute große Sämaschinen wie die IH 1250 von Case diese Aufgabe schnell und sparsam.

Maschinen zur Bodenbearbeitung

Der Grubber oder Kultivator gehört zu den wichtigsten Bodenbearbeitungsgeräten. Zumeist wird er in Kombination mit anderen Maschinen eingesetzt, vor allem mit Eggen und Walzen, um das Saatbett optimal vorzubereiten.

Die Egge gehört nach wie vor zu den unverzichtbaren Bodenbearbeitungsgeräten. Die Modelle werden jedoch immer größer. Das liegt auch daran, dass die Landwirte immer leistungsfähigere Traktoren kaufen, die dann sinnvoll eingesetzt werden sollen.

Nachlaufende Walzen wie diese Keilringwalze von Amazone ebnen nicht nur den Boden nach der Bearbeitung wieder ein, sondern dienen auch dazu, die richtige Arbeitstiefe der Maschine einzustellen.

Pflüge

Warum braucht man einen Pflug? Sein Aufgabengebiet ist vielfältig. Dazu gehört, die Erde zu lockern, durchzumischen und so aufnahmefähiger für das wichtige Regenwasser zu machen. Unter diesen Voraussetzungen kann das Saatgut gut gedeihen. Weiterhin kann ein Pflug dafür eingesetzt werden, das Unkraut zu vernichten, außerdem hilft er beim Düngen oder bei der Saat, wenn er eine Furche zieht.

Der Pflug in der Antike

Die primitivste Form des Pfluges war ein einfacher starker Ast, das sogenannte Krummholz. Die ersten Bauern hatten sich in der Steinzeit niedergelassen, und in den frühen Hochkulturen des Orients gab es bereits gut ausgebildete Pflüge. Vermutlich sind diese schon mit Scharen aus Metall versehen gewesen, denn das Bibelzitat „Schwerter zu Pflugscharen" zeigt, dass sie aus dem gleichen Material wie die Waffen hergestellt wurden. Die Worte stammen von dem Propheten Micha, der um 750 vor Christus gelebt haben soll.

Diese historische Abbildung zeigt die mühsame Arbeit, die der Landwirt und sein Knecht einst im Frühjahr zu verrichten hatten. Bedauernswerter sind jedoch die beiden Ochsen, die sich durch den tiefen, aufgeweichten Boden quälen müssen.

Bei den Römern, einem alten Volk von Ackerbauern – schon Romulus hat Rom gegründet, indem er die Grenzen der Stadt einpflügte –, wurden viele landwirtschaftliche Geräte verbessert, vor allem der Pflug: Er bekam Räder, Schare und ein Streichbrett. Die Römer kannten aber auch bereits Eggen und Walzen für die Bodenbearbeitung. Der Pflug gewann in der antiken und frühmittelalterlichen Gesellschaft Europas sogar eine kultische Bedeutung. Man sprach ihm eigene Gottheiten, später Heilige zu. Sein Einsatz richtete sich nach festen religiösen Regeln, er wurde sogar ein wichtiges Objekt der Rechtsprechung.

Kehrpflüge und beginnende Industriefertigung

In der Zeit der Völkerwanderung gingen viele Errungenschaften der römischen Agrartechnik unter.
Die Bauern des Mittelalters kannten nur noch einen Holzpflug, doch die meisten mussten ihre Felder mit Hacke, Spaten und Rechen bestellen. Je nach Region wurden vor allem Ochsen oder Pferde vor den Pflug gespannt. An dieser Arbeitstechnik änderte sich jahrhundertelang nicht viel. Erst als die Niederländer im Zeitalter der großen Entdeckungsfahrten des 15. Jahrhunderts aus China einen Eisenpflug mitbrachten, regten sich die Geister. Sehr bald wurde der Kehrpflug erfunden, auf dem unsere heutigen Drehpflüge basieren. Anders als der Beetpflug machte der Kehrpflug es möglich, in zwei Richtungen zu pflügen, nach der ersten Reihe also einfach wieder zurückzugehen. Dazu musste die nach dem Umkehren tätige Schar in die andere Richtung wenden, was bedeutete, dass sie spiegelbildlich aufgebaut sein musste.
Bis zu den ersten erfolgreich in Serie produzierten eisernen Pflügen dauerte es dann noch ein paar Jahrhunderte. Um 1730 wurde im englischen Rotherham die erste Pflugfabrik errichtet. Der Ort war dazu prädestiniert, denn dort wurde hervorragen-

des Eisen produziert. Bald wurden die Bauarten der Pflüge immer zahlreicher und variantenreicher. In den verschiedenen Regionen Europas musste man sich auf unterschiedliche Bodenverhältnisse einstellen, weshalb die Modelle sehr voneinander abwichen.

Die Flachwender wurden für leichtere Böden gebaut. Sie hatten ein langes Streichbrett, das den gepflügten Boden einfach umlegte. Die Steilwender dagegen mussten bei problematischen Böden das Erdreich krümeln. Bei diesen Pflügen war das Streichblech dementsprechend kürzer. So wurden in England vor allem flach wendende Pflüge bevorzugt. In Frankreich, Deutschland und Österreich-Ungarn, wo schwerere Böden zu bearbeiten waren, wurden die Steilwender eingesetzt. In Böhmen wurde der Ruchadlo-Pflug entwickelt, der bei sandigen Böden hervorragend arbeitete. Immer stärker kamen die Kehrpflüge auf.

Der Universalpflug

Um die Arbeit schneller erledigen zu können, wurden oft mehrscharige Pflüge gebaut. Dafür musste aber auch eine höhere Zugkraft gewährleistet sein. Ein abgezehrter alter Ochse genügte da nicht mehr. 1866 gelang dem Leipziger Rudolph Sack die Erfindung des Universalpflugs. Damit stand jetzt ein Arbeitsgerät zur Verfügung, das innerhalb kürzester Zeit für die verschiedensten Bodenverhältnisse umgerüstet werden konnte.

Die Grundbestandteile aller Pflüge blieben im Wesentlichen dieselben: Am Grindel war das Streichblech angebracht, dessen „Schneide" eine austauschbare Schar bildete. Als Vorgeräte konnten ein Sech oder ein Vorschäler angebaut werden. Zu Zeiten, als der Pflug noch geführt wurde, waren am hinteren Ende Sterzen montiert, Griffe, an denen der Pflügende sich festhielt.

Anfang des 19. Jahrhunderts erlebte die Landtechnik in den USA eine Blütezeit. Viele neue und hilfreiche Maschinen wurden dort in dieser Zeit erfunden. Im Mittelwesten konstruierte ein gewisser John Deere 1837 den ersten wirtschaftlich erfolgreichen selbstreinigenden Stahlpflug und legte damit den Grundstein für ein Landmaschinenimperium.

Der feine britische Landwirt ging – wenn man diesem Bild glauben darf – um 1905 nur mit Kopfbedeckung an die Feldarbeit. Da der Pflug lediglich angehängt war, musste ein zweiter Gentleman dessen Führung übernehmen.

Eine Sackgasse: Die Dampf- und Motorpflüge

In England wurde in der ersten Hälfte des 19. Jahrhunderts darüber nachgedacht, wie man mithilfe der Lokomobile die Feldarbeit vereinfachen könnte. Lokomobile waren schwere dampfbetriebene Zugmaschinen, die man als Vorläufer der Traktoren bezeichnen kann. Da die ungefügen Geräte für Fahrten über den Acker zu schwer waren, kam man auf die Idee, dass sich zwei von ihnen an den Feldrand stellen und über ein Seil den daran gehängten Pflug ziehen sollten. Ein Lenker saß auf dem Pflug und achtete darauf, dass eine gerade Furche entstand: Der Dampfseilpflug war geboren. Erste Entwürfe um 1850 stammen von den Briten Osborn und Fisken. Ihr Landsmann John Fowler verbesserte diese Maschine und bot sie ab 1858 mit Erfolg an. Kunden waren vor allem technikaffine große Landgüter. In Deutschland wird dieses System mit dem Namen des Gründers der DLG, Max von Eyth, verbunden, der als enger Mitarbeiter Fowlers die Dampfpflüge verbessert und international eingeführt hat, unter anderem in Ägypten. Eine Fortführung dieser Idee gelang 1907/08 den Deutschen Robert Stock und Karl Gleiche mit einem selbstfahrenden Motortragpflug.

Bis in die 1920er-Jahre hinein bauten Hersteller wie Stock, Hanomag oder MAN diese schweren Geräte, deren Nachteil neben dem hohen Preis darin lag, dass die Felder eben und möglichst ohne Hindernisse sein mussten.

Das Erfolgskonzept: Der Traktorpflug

Die immer besser werdenden Diesel-Traktoren waren inzwischen auch gut dazu geeignet, Pflüge über den Acker zu ziehen. Außerdem konnten sie zu vielen anderen Arbeiten eingesetzt werden. Das war effizient und sparte Kosten. Ihre steigende Zugleistung machte es möglich, Bodenbearbeitungsgeräte mit mehr als drei Scharen zu bewältigen. So wurden in diesen Jahren Pflüge mit zwölf und mehr Scharen gebaut. Der Spareffekt lag auf der Hand.

In den frühen Zeiten des Traktorpflügens war das Arbeitsgerät meist angehängt. Mit der Entwicklung der Dreipunkthydraulik wurde der Anbaupflug geboren, der mit dem Schlepper fest verbunden war und eine funktionelle Einheit bildete. Dank der drei Anhängepunkte war er aber nicht starr am Traktor befestigt, sondern so flexibel, dass Bodenunebenheiten ausgeglichen werden konnten und die Eintauchtiefe erhalten blieb. Außerdem wurden die Einzugskräfte bei der Pflugarbeit auf die Hinterradachse übertragen, was einen enormen Anstieg der Zugkraft bewirkte. Bei den großen Pflügen der neueren Zeit wurde es nötig, einen Stützmechanismus zu entwickeln, der half, das Gewicht des Arbeitsgeräts mitzutragen. So entstand der Aufsattelpflug, der ein eigenes Fahrwerk hat. In den 1970er-Jahren wurde aus der hydraulischen Hubwerksregelung

Wichtig war eine Möglichkeit, die Pflüge vom Traktorsitz auszuheben, um ohne abzusteigen am Feldrand ein Wendemanöver einleiten zu können. Auf dieser Abbildung sind die dafür nötigen Hebel gut zu erkennen. Der Pflug ist noch nicht über eine Dreipunktaufhängung mit seinem Case-Traktor verbunden.

eine elektronische (EHR). Sie regulierte die Zugkraft und sorgte für weniger Schlupf.

Die Pflüge können heute für die unterschiedlichsten Einsätze optimiert werden. Die Produzenten von Pflügen stellen eine Vielzahl von Scharformen und Größen zur Verfügung. Eine relativ neue Entwicklung sind die Vario-Pflüge mit einer verstellbaren Arbeitsbreite. Dadurch kann man ohne großen Aufwand die erforderliche Zugkraft regulieren – bei unterschiedlichen Bodenverhältnissen, zum Beispiel nassen oder harten Böden, ideal.

Ebenfalls in den letzten Jahren wurde das Onland-Pflügen zum Trend – mit den dafür nötigen veränderten Pflügen. Die neueste Verbesserung ist der Hybrid-Pflug, der dank seines regelbaren Oberlenkers noch besser auf die Arbeitsbedingungen abgestimmt werden kann.

Zu den wichtigsten Pflugproduzenten in Frankreich gehörte die Firma Huard, die 1987 von dem elsässischen Unternehmen Kuhn übernommen wurde. Dieser Multi-Master 122 ist ein fünfschariger Volldrehpflug, der auf dem Know-how von Huard beruht.

Da die großen Pflüge sehr schwer sind, hat man ein hinteres Laufrad (ähnlich dem der Motorpflüge) angebaut, das einiges vom Gewicht des Pflugs aufnehmen kann. Der oben abgebildete Challenger NSH 7 von Kuhn arbeitet mit sieben Scharen.

Ein Massey Ferguson zieht einen Pflug der BE-Serie von Kverneland. Das Stützrad des Pfluges kann hydraulisch gesteuert werden.

Wenn man verschiedene Böden pflügen will, müssen die unterschiedlichen erforderlichen Zugkräfte berücksichtigt werden. Bei den Vari-Master-Modellen von Kuhn kann die Schnittbreite der einzelnen Pflugkörper verstellt werden.

Die Schnittbreite der Scharen des sechsscharigen Aufsattelpflugs BE 115 von Kverneland kann stufenlos verstellt werden. Damit kommt der Pflug auch mit schweren, nassen Böden gut zurecht.

Die Überführung großer Pflüge auf den Acker ist ein beeindruckender Anblick. Hier wird der VariTitan 10 von Lemken von einem Fendt 930 Vario TMS abtransportiert.

Der Landmaschinenkonzern Lemken mit Sitz in Alpen am Niederrhein gehört zu den wichtigsten Herstellern von Bodenbearbeitungsgeräten in Deutschland. Seine Anbaudrehpflüge tragen den Seriennamen Opal. Der Zusatz „Vari" weist darauf hin, dass die Arbeitsbreite hydraulisch verstellt werden kann.

Der Aufsatteldrehpflug Marabu HA 180 C von Rabe zeichnet sich durch ein Zweiradfahrwerk, hydraulische Steinsicherung (HydroAvant) und ein zusätzliches dreischariges Pflugelement aus.

Grubber und Tieflockerer

Früher wurde der Grubber gern Kultivator genannt, weil er das vom Pflug aufgeworfene Erdreich kultiviert, das heißt den Boden auflockert. Diesem Arbeitsschritt folgt meist das Eggen und Walzen, das den Boden einebnet, damit im Frühjahr das Saatfeld vorbereitet werden kann.

Ursprünglich war die Aufgabe, den harten Winterboden aufzubrechen, ebenfalls dem Pflug vorbehalten, doch seit etwa 150 Jahren hat mehr und mehr der Grubber hier sein vorwiegendes Einsatzgebiet gefunden.

Früher erreichte der Grubber Arbeitstiefen um die 15 Zentimeter. Heute sind auch 30 Zentimeter für die meisten Grubber möglich, was sie bei vielen Gelegenheiten zu einem Ersatz für den Pflug werden lässt. Grubber für größere Arbeitstiefen werden als Schwergrubber bezeichnet. Diese Geräte, die Tiefen bis zu 50 Zentimeter erreichen, sind vor allem als Konkurrenz zum Pflug zu sehen. Um die Arbeitstiefe festzulegen, werden am Rahmen Stützräder angebracht.

Wir unterscheiden zwei Arten von Grubbern. Die eine hat starre, feste Zinken: Solche Grubber werden besonders dann verwendet, wenn es gilt, harte Böden aufzulockern. Die erforderliche Schlepperleistung ist dementsprechend recht hoch.

Die ersten großen Bodenbearbeitungskombinationen wurden in den USA schon vor dem Ersten Weltkrieg eingesetzt. Seinerzeit mussten schwere Dampfzugmaschinen das Gerät über den Acker bewegen.

Die zweite Variante ist ein Grubber mit halbstarren Zinken oder ein Federzahngrubber. Die halbstarre Bauform ist die ältere: Die Zinken waren gebogen und wurden am Rahmen angebaut. Die gefederten Maschinen sollen auf steinigen Feldern ein Zurückschnellen des Zinkens als Ausweichbewegung bewirken, sodass es zu keinen Schäden oder Zwischenfällen kommt. Da diese Bauarten sehr viel teurer sind, verzichten viele darauf, wenn ihr Boden hindernisfrei ist: Denn zudem sind sie weniger leistungsfähig als Grubber mit starren Zinken.

Die 1955 im ostwestfälischen Verl gegründete Firma Köckerling ist ein Spezialist in der Fertigung von Grubbern und Sämaschinen. Hier wartet ein Köckerling-Grubber zusammen mit dem Fendt-Traktor 716 Vario TMS auf seinen nächsten Einsatz.

Die Grubber-Scheibeneggen-Kombination Centaur des 1883 im niedersächischen Hasbergen-Gaste gegründeten Landmaschinenproduzenten Amazone ist eine multifunktionale Bodenbearbeitungs-Kombination für den pfluglosen Ackerbau. Sie übernimmt die extrem flache Stoppelbearbeitung, die intensive Mischung von Pflanzenrückständen und Boden bei mittlerer Arbeitstiefe sowie die krumentiefe Bodenlockerung.

Fräsen, Rotormaschinen und Kreiselgrubber

Neben den Zinkengrubbern gibt es noch andere Maschinen, mit denen die Ackerflächen für die Aussaat vorbereitet werden können. Bereits Ende des 19. Jahrhunderts hatte man damit begonnen, Rotorfräsen als Pflugersatz zur Saatbettbereitung heranzuziehen. Diese wurden in den Jahren um 1910 und 1920 zum Beispiel mit der Mechwart-Fräse oder dem Lanz-Landbaumotor System Köszegi in einer motorisierten Version angeboten. Rotor-Kultivatoren wurden immer wieder gebaut. Dem Trend zur pfluglosen Bodenbearbeitung verdanken diese Maschinen ihr gestiegenes Prestige.

Neben dem Aufbrechen des Winterbodens und der ersten Vorbereitung des Saatbetts haben sich für den Grubber weitere wichtige Aufgaben gefunden. Vor allem für das Legen von Kartoffeln ist der Grubbereinsatz empfehlenswert. Der Grubber sollte außerdem den ausgebrachten Stalldung in den Boden einarbeiten. Bei der Mulchsaatbereitung wird lediglich mit Grubber und Scheibenegge in einer Arbeitskombination das Ackerland vorbereitet. Auf die Verwendung des Pflugs wird hierbei verzichtet. Sehr oft griff man auch auf einen Kreiselgrubber oder einen Scheibengrubber zurück. Ersterer ist eine Art der Kreiselegge, deren Zinken weiter auseinanderstehen und die auf Griff angebaut sind. Daneben kamen auch Frontgrubber auf, die an der Vorderseite des Traktors angebaut werden können.

Mit der steigenden Leistungsfähigkeit der Traktoren konnten auch die Landmaschinen größer dimensioniert werden. Da die Bodenbearbeitungsgeräte jedoch nur drei Meter breit sein dürfen, um für den Straßenverkehr zugelassen zu werden, wurde es nötig, den Rahmen zusammenzuklappen. Das musste zunächst per Hand geschehen, inzwischen wird auch dieser Arbeitsschritt meist hydraulisch vom Schleppersitz aus erledigt. Eine große Auswahl hat man heute bei der Form der Zinken.

Die Horsch Maschinen GmbH wurde 1984 in Schwandorf in der Oberpfalz gegründet. Zu ihrem Programm für schonende Bodenbearbeitung gehört der Tiger 4 MT, eine Kombination aus Kurzscheibenegge und Grubber.

Der Mulchgrubber Cenius 3001 Super von Amazone besitzt dreizehn Rundstahlzinken und acht nachlaufende Scheiben, die den Boden nach dem Auflockern wieder einebnen.

Besonders interessant an dieser Aufnahme ist die Bereifung des Traktors, der die Grubber-Eggen-Kombination Centaur 7500 von Amazone zieht. Durch die vier Ansteckraupen, die anstelle der Räder montiert sind, soll die Bodenverdichtung reduziert werden.

Für schwere Böden ist ein leistungsfähiger, stabiler Grubber erforderlich. Lemkens Modell Thorit wurde für diesen Einsatzzweck konstruiert. Der Grubber braucht einen starken Traktor mit einer Leistung bis 190 PS.

Der Transport von Landmaschinen stellt bei Geräten mit großer Arbeitsbreite ein Problem dar. Da die Breite auf der Straße weniger als 3 Meter betragen muss, haben die Hersteller ausgeklügelte Klappmechanismen entwickelt.

Die schwedische Firma Väderstad ist auf dem Gebiet der Bodenbearbeitung ein kompetenter Anbieter. Seit 1962 wurden vor allem Eggen gefertigt, seit 1977 auch Grubber und Walzen. Diese Aufnahme bietet einen guten Blick auf die Federzinken, die bei steinigen Böden nötig sind.

Eggen

Früher war die Netzegge fast überall zu finden. Die Zinken dieser stählernen Ausführung bestanden vor der Industrialisierung ebenso wie der Rahmen aus Holz, weshalb es häufig zu Schadensfällen kam.

Die Egge gehört seit Jahrhunderten zu den wichtigsten Bodenbearbeitungsgeräten. Eggen bereiten den Acker für die Aussaat vor, indem sie einen feinkrümeligen Boden schaffen. Außerdem kann Unkraut mit einer Egge bekämpft werden. Es gibt verschiedene Bauformen: Netzeggen, Kreiseleggen und Scheibeneggen. Früher wurde das Gerät ganz aus Holz gezimmert, auch die Zinken wurden aus möglichst hartem Holz geschnitten. Diese Elemente waren durch ihren direkten Bodenkontakt sehr schnell abgenutzt und mussten bald ersetzt werden. Erst im 19. Jahrhundert ermöglichten fortgeschrittene Techniken infolge der industriellen Revolution die fabrikmäßige Herstellung aus Stahl. Damit war eine wesentlich bessere Haltbarkeit garantiert.

Ein Porsche Standard Star arbeitet mit einer Netzegge, die an der Dreipunktaufhängung befestigt ist. Die Hubwerksregelung ermöglicht, dass Bodenunebenheiten sauber ausgeglichen werden.

Eine Netzegge wird von einem Einzylinder-Schlepper A 111 von Allgaier über den Acker gezogen. Netzeggen werden eingesetzt, um den Boden für die Aussaat gleichmäßig aufzubereiten. Schollen werden zerkrümelt und das Unkraut wird bekämpft.

Netzeggen

Man kann zwei Gruppen von Eggen unterscheiden: solche mit starren Bodenbearbeitungselementen und solche mit umlaufenden Werkzeugen. Die ältesten, heute eher selten verwendeten sind die Netzeggen. Bei diesen werden an einen oder mehrere Rahmen Ketten aufgehängt, die mit Zinken bestückt sind. Eine solche Konstruktion sichert die gute Bodenanpassung auch ohne Hubwerkstechnik: Deshalb war sie bei den alten Traktoren sehr praktisch. Netzeggen genossen wegen ihrer hervorragenden Eigenschaft, Unkraut auf dem Feld zu vernichten, einen guten Ruf. Für größere Arbeitsbreiten wurden sie schon früh in Form eines dreiteiligen Klapprahmens gebaut. Der Bauer musste die beiden äußeren Rahmenstücke nach Gebrauch hochklappen und arretieren, dann konnte er sich auf die Fahrt machen.

Wie bei den anderen Eggenformen auch, können die Zinken unterschiedlich geformt sein: gerade, gebogen, rund, eckig, spitz oder löffelförmig. Früher drückte allein das Eigengewicht der Egge die Zinken in den Boden. Später trug die Aufhängung am Traktor mit zum ausreichenden Druck bei. Die Grobeggen tauchen etwa 5 bis 10 Zentimeter in den Boden ein, die Feinegge arbeitet bei nur 3 bis 5 Zentimetern. Meist wird die Eintauchtiefe über eine nachlaufende Walze reguliert.

Scheibeneggen

Scheibeneggen haben sich insbesondere für die Bearbeitung schwerer Böden durchgesetzt. Sie sollen bei der Stoppelbearbeitung helfen, die Schollen zerkleinern oder auch Stallmist unterbringen. Sie haben jedoch keine unkrautvertilgende Wirkung – im Gegenteil: Da sie die Wurzelunkräuter nur zerschneiden, tragen sie zu ihrer Vermehrung bei. Auch bei den Scheibeneggen gibt es verschiedene Formen: Sie können ein- oder mehrreihig quer zur Fahrtrichtung laufen, sie können aber auch in V- oder X-Stellung angeordnet sein. Die Scheiben werden durch die Rollbewegung zum Drehen gebracht. Sie können gezackt oder glatt sein und haben meist einen Durchmesser zwischen 40 und 80 Zentimetern.

Es gibt verschiedene Arten von Eggen. Heute mit am gebräuchlichsten ist die Scheibenegge, die den Boden krümelig macht, aber bei Hindernissen wie Steinen nicht blockiert.

Ein Raupenschlepper von John Deere zieht das Scheibeneggen-Modell Discover XL 48 von Kuhn. Die Firma Kuhn wurde im Jahr 1828 zunächst als einfache Dorfschmiede im Elsass gegründet.

Kreiseleggen

Kreiseleggen stammen aus dem Obstbau. Sie sollten zwischen den Bäumen arbeiten, wo recht wenig Platz ist. Dank ihrer guten Krümelwirkung zeigten sich sehr bald auch die Ackerbauern interessiert. Darüber hinaus hatte die Drehbewegung eine reinigende Wirkung. So wurde die Kreiselegge – in modifizierter Form – neben der Scheibenegge zur wichtigsten Eggenform der Gegenwart. Sie wird an der Dreipunktaufhängung des Schleppers angebaut und mit der Zapfwelle angetrieben. Auf ihr kann auch eine Drillmaschine aufgebaut werden.

Eggen mit größeren Arbeitsbreiten, zum Beispiel die für den US-amerikanischen Landmaschinenmarkt gebauten Modelle mit 10 Metern Arbeitsbreite, können Traktorleistungen von über 150 PS erfordern. Einige dieser Großeggen besitzen sogar ein eigenes Fahrwerk.

Für die Mulchsaat oder die Direktsaat spielt die Egge eine wichtige Rolle. Zusammen mit einem Grubber und Walzen verschiedener Formen gehört sie zur Gerätekombination, die alle nötigen Arbeitsschritte zugleich durchführt.

Kreiseleggen sind neben den Scheibeneggen heute die gebräuchlichsten Eggenformen. Die Arbeitsbreite der HRB 302 von Kuhn entspricht der höchsten zulässigen Transportbreite. Das Gerät muss für die Fahrt bloß ausgehoben werden.

Bei der Scheibeneggen-Serie Catros von Amazone sind die Scheiben in zwei Reihen angeordnet und so flexibel aufgehängt, dass eine optimale Bodenanpassung garantiert ist.

Ein MX 245 von Case bei der Fahrt zum Feld mit seiner für den Transport hochgeklappten Scheibenegge. Die Zwillingsbereifung des Traktors erhöht die Auflagefläche, um den Bodendruck zu verringern.

Große Eggen wie die Discover XM 36 besitzen ein eigenes Fahrwerk, das das Gewicht der Maschine trägt. Bei diesem Modell kann der Fahrer in seiner Kabine den Klappmechanismus bedienen, der die Egge in Transportstellung bringt.

Häufig werden Eggen mit nachlaufenden Walzen kombiniert, die den Boden sauber glätten. Hier wird die TM 2 der US-Firmengruppe Case IH von einem Traktor gezogen, der mit vier Raupen bestückt ist.

Walzen

Walzen werden zur Einebnung und Rückverfestigung des Bodens verwendet. Die einfachste Version ist die schwere Glattwalze. Später wurden auch andere Arten gebaut, die zusätzliche Aufgaben hatten: Diese werden als Rauhwalzen bezeichnet. Je nach Art des Bodens werden unterschiedlich profilierte Bauarten eingesetzt, die wichtigsten sind Cambridgewalzen, Crosskillwalzen, Stern- und Ringelwalzen. Sie bestehen aus mehreren gleichen Elementen, die wie eine Kette aneinandergereiht werden. In der Regel haben sie einen Durchmesser zwischen 30 und 50 Zentimetern. Die Walzenelemente sind meist gezackt oder anderswie profiliert, je nach Verwendungszweck.

Daneben gibt es Rohrstabwalzen, die für leichtere Böden eingesetzt werden. Sie verdichten die unteren Bodenschichten, werden aber immer seltener verwendet. Wenn das Saatgut abgelegt ist und man eine schonende Rückverfestigung des Bodens durchführen will, verwendet man eine Keilringwalze mit Keilringen aus Gummi.

Die ursprüngliche Form der Walzen bestand aus einem tonnenförmigen Gebilde. Dieses Modell besitzt noch sogenannte Schafsfüße: lange Stollen, die dazu dienen, Erdklumpen auseinanderzudrücken.

Bei trockenen, schweren Böden muss dafür gesorgt werden, dass sie Wasser besser aufnehmen. Hierfür erzeugt die Schneidringwalze eine streifenweise Rückverfestigung des Erdreichs.

Untergrundpacker sind eine Sonderform der Walze. Sie haben in bestimmten Abständen in einer Reihe angeordnete Reifen, die sich in den Boden einschneiden.
Packer verdichten den Boden, indem sie Hohlräume beseitigen, die zum Beispiel durch zu spätes Pflügen entstanden sind. Gern setzt man Frontpacker ein, die bei verschiedenen Aufgaben mitwirken.

Eggen, Grubber und Walzen werden heute in Saatbettkombinationen sehr gern und effektiv zusammen mit Sämaschinen eingesetzt. Es gibt inzwischen auch Geräteträger in Form von langen, wie Brücken aussehenden Bügeln, die über mehrere Anbauräume für die verschiedenen Geräte verfügen. Sie sind aufgesattelt, das heißt, sie besitzen ein eigenes Fahrwerk und werden am Heck des Traktors befestigt.

Der Einsatz von Walzen dient dazu, den beim Auflockern des Bodens durch Grubber oder Eggen uneben gewordenen Grund wieder zu glätten.

Maschinen für die Saat

Weltweit der bedeutendste Hersteller von Sämaschinen ist das elsässische Unternehmen Kuhn. 1996 übernahm die Kuhn-Gruppe den Konkurrenten Nodet-Gougis. Die Anbaudrillmaschine Premia 300 wurde als Einstiegsmodell für kleinere und mittlere Betriebe gebaut.

Die pneumatischen Drillmaschinen von Lemken wurden mit dem Reihennamen Solitair versehen. Das Modell Solitair 9 kann mit bis zu 6 Metern Arbeitsbreite eingesetzt werden. Für den Transport wird es zusammengeklappt.

Die Legemaschine PM 40 von Miedema kann vier Reihen Kartoffeln gleichzeitig legen. Der Bunker fasst 4 Tonnen Saatgut. Über ein Bedienelement lassen sich vom Traktor aus Einstellungen an der Maschine vornehmen.

Sämaschinen

Wer ernten will, muss zuerst säen. Das ist eine Binsenweisheit: Doch was sich so einfach anhört, erfordert eine penible, genau durchdachte Vorgehensweise. Gerade diese Vorarbeit ist beim Einsatz von Landmaschinen wichtiger denn je, damit eine reibungslose und reiche Ernte möglich wird. Bis weit in die Neuzeit hinein haben unsere Vorfahren die Aussaat per Hand erledigt. Der Boden wurde mit dem Rechen vorbereitet, aus einer Legeschürze oder Legewanne streuten dann eine oder mehrere Personen das Saatgut aus der Hand aufs Feld. Das war umständlich und der Wuchs der Feldfrucht war alles andere als regelmäßig. Auch Vogelscheuchen konnten nicht verhindern, dass sich Raben und anderes Gefieder an den ausgestreuten Samen labten.

Vor allem bei der Rüben- und Maissaat werden Einzelkornsämaschinen eingesetzt. Dadurch kann die Menge des benötigten Saatguts auf die Hälfte reduziert werden. Jede Reihe hat ihren eigenen Vorratsbehälter, unter dem ein Dosiergerät die abgegebene Menge bestimmt.

Entwicklung der Sämaschinen

Das war nicht immer so: Denn aus archäologischen Funden von Bildvasen und schriftlichen Überlieferungen weiß man, dass bereits die alten Sumerer eine Sämaschine kannten. Im alten China gab es schon im 2. Jahrhundert vor Christus eine Maschine zur Aussaat mit eigenen Säscharen.

Sämaschinen soll es bereits bei den Sumerern und im alten China gegeben haben. Diese Techniken sind jedoch wieder in Vergessenheit geraten. Erst im Zuge der Verwissenschaftlichung der Landtechnik und der Industrialisierung konnten zuverlässige Maschinen kostengünstig produziert werden.

Die Geschichte der europäischen Sämaschine beginnt sehr viel später, nämlich 1566, als der Venezianer Camillo Torello sein Drillgerät patentieren ließ. Diese Erfindung war jedoch noch ziemlich problembehaftet, weshalb sie sich nicht durchsetzen konnte.

Abhilfe schaffte noch einmal sehr viel später Jethro Tull (1674–1741), der große englische Landwirtschaftserneuerer. Der ausgebildete Jurist zog sich wegen einer Lungenkrankheit auf den Landbesitz seiner Familie zurück und bewirtschaftete das Gut, dem er den pietistisch anmutenden Namen „Prosperous Farm" gab. Er erfand neben vielen anderen nützlichen Geräten für die Landwirtschaft eine Drillmaschine, die von einem Pferd gezogen wurde und das Saatgut regelmäßig verteilte. Bis zur industriellen Serienfertigung solcher Maschinen dauerte es allerdings noch einmal hundert Jahre.

In den 1980er-Jahren war die Drillmaschine MF 30 von Massey Ferguson vor allem in Großbritannien und den USA weit verbreitet. Sie konnte gleichzeitig säen und düngen.

Für den Einsatz einer frühen Drillmaschine mussten ein bis zwei Zugtiere herangezogen werden, dazu kamen drei Knechte, wobei der erste die Lenkung der Tiere verantwortete und der zweite für die gewünschte Fahrt der Maschine sorgte. Ein dritter Helfer kontrollierte das Arbeitsergebnis. Einen großen Zeitgewinn brachte das erst einmal nicht. Mehr als 12 Hektar konnte man auch mit einer Drillmaschine nicht leisten. Doch der Vorteil lag auf einem anderen Feld: Die genaue Ausbringung des Saatguts verschafft jeder einzelnen Pflanze genügend Raum, um sich frei zu entfalten und genügend Nährstoffe aufzunehmen. Während früher das Saatgut einfach ausgeworfen wurde und es zu Stellen mit dichtem Wuchs und leeren Räumen kam, so waren durch die Drillmaschine regelmäßige Reihen möglich. Sie wurde immer weiter verbessert zur mechanischen Drillmaschine, die nun das Saatgut mittels Scheibenscharen direkt im Boden ablegte und dann mit Erde überdeckte.
Erfolgte die Aussaat früher recht undifferenziert, so hat sich bei der Entwicklung der Sämaschinen die Technik in zwei Richtungen voranbewegt.

Das schwedische Unternehmen Väderstad stellt erst seit Ende der 1990er-Jahre Drillmaschinen her. Die hier abgebildete Rapid Super XL bewältigt bis zu vier Hektar in der Stunde. Allerdings wird vom Schlepper eine Leistung von mindestens 180 PS verlangt – der hier eingesetzte John Deere 8100 besitzt 185 PS.

Für Getreide, Grünfutter wie Gras, Luzerne oder Rotklee, Senf, Soja, Erbsen und Bohnen wurde die Drillmaschine weiter verbessert. Andere Feldfrüchte wie Mais, Sonnenblumen, Zuckerrüben oder verschiedene Gemüsesorten werden mit Einzelkornsämaschinen ausgebracht.
Für Erntemaschinen wie den Mähdrescher ist es besonders wichtig, dass der Bewuchs möglichst gleichmäßig stattfindet: Die Geschwindigkeit und der Ernteerfolg sind dadurch besser. So ist es also nicht nur aus Kostengründen, sondern auch für eine höhere Effektivität nötig, die Saat möglichst gleichmäßig ins Erdreich zu deponieren.

Wie funktioniert eine Sämaschine?

Eine mechanische Drillmaschine führt das Saatgut in einem Behälter mit, dem Säkasten, der sich nach unten hin verjüngt. Durch diese trichterartige Form wird sichergestellt, dass der gesamte Inhalt nach unten rutscht. Dort sorgt eine Dosiereinrichtung mit Särädern oder Dosierwalzen für die exakte, vom Landwirt festgelegte Abgabemenge und die Pause, bis die nächste Reihe dran ist. Je nach der Größe des Saatguts sind die Dosierelemente grob, mittel oder fein. So wird zum Beispiel für fast alle Getreidesorten ein Grobsärad verwendet, Luzerne oder Grassamen bringt man mit einem mittleren, Mohn, Klee oder Raps mit einem Feinsärad aus.
Am Boden besitzt die Maschine mehrere Schleppschare, die auch als Scheiben ausgebildet sein können. Sie reißen den Boden in der vorher eingestellten Tiefe auf, damit die Saat durch das Saatleitungsrohr in den Acker fallen kann.
Oft wird auch eine bestimmte Menge Dünger mit abgegeben. Die Arbeitshöhe wird durch die Laufräder festgelegt. Ein Zustreicher oder Striegel sorgt nun dafür, dass die Öffnung im Boden wieder geschlossen wird und das Saatgut nicht von Vögeln gefressen werden kann. Zur Rückverfestigung läuft meist eine Keilriemenwalze oder eine Stabwalze nach.
Bei der Einzelkornsämaschine hat jede Reihe ihren eigenen Saatgutbehälter. Auf diese Weise ist sie noch besser in der Lage, die Abgabemenge des Samens exakt zu regulieren.

In den USA haben sich für große Flächen Sämaschinen mit separaten nachfahrenden Säwagen durchgesetzt. In diesem Segment bietet John Deere unter anderem den Typ 1835 an.

Die Einzelkorn-Sämaschine ASM 1200 von Case wird für den Transport um 90 Grad gedreht. Das Modell kann 24 Säreihen gleichzeitig bearbeiten.

Zu den Marktführern bei den Sämaschinen gehört die Firma Amazone. Zu ihren Klassikern zählt die AD-Reihe von Aufbausämaschinen, die über den gleichzeitig arbeitenden Bodenbearbeitungsgeräten befestigt werden. Das Foto zeigt das Modell AD 303.

Der Tank des Säwagens ADX 3430 von Case IH fasst mehr als 15.000 Liter. Er ist dreigeteilt, sodass auch anderes Saatgut und Dünger mit ausgebracht werden können.

Kleineren Betrieben genügt eine Sämaschine wie die 5400 No-Till von Case. Die klassische mechanische Sämaschine kommt auch auf mittelgroßen Flächen noch gut zurecht.

Bei dem Modell SDE 2217 von Kuhn handelt es sich um eine gezogene mechanische Direktsaatmaschine.

Pneumatische Sämaschinen

1962 wurde die pneumatische Einzelkornsämaschine erfunden. Der hessischen Firma Becker aus der Nähe von Kassel gelang mit dieser Entwicklung ein wichtiger Schritt nach vorn, der ihr eine Zeit lang die Marktführerschaft einbrachte. Die Aeromat getaufte Maschine und ihre Nachfolger pressen das Saatgut mit Druckluft in den Boden und bringen es auf die vorher eingestellte richtige Ablagetiefe. Damit werden die Reihen noch regelmäßiger, der Verbrauch an Saatgut sinkt im Vergleich zur mechanischen Version noch ein gutes Stück und der Ertrag kann weiter gesteigert werden. Auch für die konventionelle Sämaschine gab es bald eine pneumatisch arbeitende Schwester, die 1966 von Accord präsentiert wurde. Die pneumatische Sämaschine erlaubt auch größere Bauformen, bei denen der Sätank auch an der Traktorfront angebaut wird. Durch den Luftdruck wird der Samen bis nach hinten gepresst.

Man unterscheidet zwei Arten der Befestigung einer Sämaschine an den Traktor. Bei der einen Form wird die Maschine an der Dreipunktaufhängung der Zugmaschine angekuppelt. Man spricht bei solchen Modellen von angebauten Sämaschinen. Ihr Vorteil ist, dass man sie auch ohne andere Geräte verwenden kann. Allerdings ist es bei ihr nicht – wie bei der zweiten Form – möglich, die Maschine auf zusätzlich eingesetzte Bodenbearbeitungsgeräte aufzubauen, mit denen man den Boden unmittelbar vor der Aussaat vorbereiten will. Der wichtigste Begleiter ist die Kreiselegge, dazu können ein Grubber oder eine Walze mitlaufen. Der auf die Egge direkt oder auf einen Träger aufgebaute Tank kann Volumina von 3.000 bis 6.000 Litern aufnehmen. In den USA wird bei großen Flächenleistungen ein eigener Säwagen nötig, der noch hinter dem Saatwerkzeug fährt und seinen Inhalt nach vorn pumpt. Vorteil solch großer Behälter ist die Zeitersparnis, weil das aufwendige Nachtanken entfällt.

Eine interessante Perspektive: Die pneumatische Sämaschine Cirrus 3001 Special von Amazone arbeitet hier mit Bodenbearbeitungsgeräten zusammen, die den Acker für die Aufnahme des Saatguts vorbereiten.

CLAAS
50
AMAZONE
Cirrus 3001
Special
40

Säkombinationen

Inzwischen erfolgen Säen und Düngen oft in einem Arbeitsgang. Die Maschinen haben einen zwei- oder (für die Zwischenfrucht) dreigeteilten Saatguttank, der in der Lage ist, Saat und Dünger gleichzeitig auszubringen. So werden Fahrtkosten und Zeit gespart. Für besonders große Flächen werden inzwischen Drillmaschinen mit gigantischen Saatguttanks und zum Teil schweren Fronttanks angeboten. Sehr oft sieht man große Traktoren, die hinten doppelt bereift sind. Diese Maßnahme soll der Bodenverdichtung entgegenwirken. Lange Jahre hatten die Bauern befürchtet, dass der Bodendruck von Traktoren störend wirken würde. Viele haben sich deshalb geweigert, die Sämaschine hinter ihren Schlepper zu spannen. Solche Befürchtungen sind längst als unbegründet erkannt worden.

In den 1970er-Jahren kam aus der ökologischen Richtung ein neuer Trend in der Bodenbearbeitung auf: die Direktsaat. Mit dem Verzicht auf das Umpflügen wollte man die Lebewesen im Boden schützen und das ökologische Gleichgewicht aufrechterhalten. Das Stoppelfeld wird bei der Aussaat in einem Arbeitsschritt mit einem Grubber vorbereitet, mit Egge und Walze nachbehandelt und für die gleichzeitig stattfindende Abgabe des Saatguts in den Boden vorbereitet. Die Direktsaat hat begeisterte Anhänger, aber auch scharfe Gegner.

Ein Same Silver 100.6 zieht eine Integra GII über das Feld. Die Aufbaudrillmaschine kann nur zusammen mit Bodenbearbeitungsgeräten eingesetzt werden.

Besonders oft wird kritisiert, dass die Vernichtung von Unkraut, zu der es sonst durch das Umpflügen und Eggen kommt, nun nur durch den Einsatz chemischer Mittel erreicht wird. Auch ist die Bodenverdichtung höher, die ja ein Pflug maßgeblich reduziert. Nicht zuletzt wird dem Landwirt eine beinahe wissenschaftliche Planung abverlangt, denn für ein optimales Ergebnis werden Zwischenfrüchte mit ausgesät, zum Beispiel Sonnenblumen. Hier kommt es darauf an, die richtige Auswahl zu treffen. Außerdem ist für den Einsatz einer Direktsaatkombination ein stärkerer Traktor unabdingbar.

Einen weiteren Sparschub brachte das „Precision Farming" bzw. die „Präzisionslandwirtschaft". Praxistauglich geprüfte wissenschaftliche Methoden und neueste Computertechniken, Lenksysteme und GPS machen es möglich, den Bedarf an Saatgut und Dünger exakt zu berechnen und – was noch wichtiger ist – auch exakt auszubringen. Neueste Entwicklungen bieten ein Ablagesystem an, bei dem die verschiedenen Düngemittel in einem bestimmten Abstand zum Saatgut ausgebracht werden, um Schäden zu vermeiden.

Der Moduliner ML 2800 von Kuhn stellt eine Säkombination dar, die für den pfluglosen Anbau gedacht ist.
Die Kombination von Kreiselegge und Sämaschine arbeitet mit leistungsstarken Traktoren bis 350 PS.

Die Primera DMC 602 von Amazone wurde in Russland 2007 zur besten Bodenbestellmaschine des Jahres gewählt. Die Großflächensämaschine ist vor allem für Direktsaat geeignet.

Hersteller

In den 1960er-Jahren gehörte ein Großteil des mitteleuropäischen Marktes der Isaria-Sämaschine, die von der Firma Hans Glas, dem Schöpfer des Goggomobils, hergestellt wurde. 1968 übernahm der damals im Zenit seines Erfolgs stehende Traktorenbauer Eicher die Fertigung der Isaria. Andere wichtige Hersteller dieser Zeit waren Tröster mit seiner Hassia, die Amazonenwerke, Massey Ferguson, Kverneland, Kleine und Eberhardt aus Ulm, der als eine der großen Pflugschmieden berühmt geworden war. Auch Fendt hatte für sein Einmannsystem Sämaschinen im Angebot.
Der Markt für Sämaschinen hat sich in den letzten zwanzig Jahren ebenso konzentriert, wie das bei anderen Landmaschinen zu beobachten war. Viele große Namen, die in Deutschland zu den führenden Anbietern zählten, sind inzwischen aufgekauft worden. Manche haben ihren Namen verloren, so Tröster mit seinen Hassia-Sämaschinen, andere sind als Marke unter dem Dach eines Konzerns erhalten geblieben, etwa Accord, Becker oder Rau. Dafür haben sich andere Hersteller, wie Amazone oder Rabe, gut gehalten und besetzen eine starke Position in diesem Segment. Hersteller wie Lemken, der die Säsparte von Hassia übernommen hatte, haben sich ihre Kompetenz dazugekauft. Andere Hersteller wie Köckerling oder Horsch sind erst recht spät auf dem Markt erschienen und feiern gute Erfolge mit innovativen Produkten. Wichtige Anbieter aus dem nicht deutschsprachigen Raum sind Massey Ferguson, Case, Kongskilde und Väderstad. Die französische Firma Kuhn aus Saverne hat sich nach der Übernahme des Konkurrenten Alphonse Nodet-Gougis 1996 zum weltweit bedeutendsten Hersteller von Sämaschinen entwickelt.

Der US-amerikanische Hersteller White wurde Anfang der 1990er-Jahre vom AGCO-Konzern aufgekauft, der in den folgenden Jahren auch Fendt, Massey Ferguson und Valtra hinzuerwarb. In vielen Ländern vertreibt AGCO die White-Produkte wie diese Einzelkornsämaschine MF 8800 unter dem Markennamen Massey Ferguson.

WHITE

Die mechanischen Drillmaschinen von Lemken tragen den Namen Saphir. Hier arbeitet eine Saphir 7 mit einem JCB-Traktor zusammen, voraus läuft eine Stabwalze, die den Boden für den Hauptarbeitsschritt vorbereitet.

Für größere Flächen wird die Solitair 10 angeboten. Sie besitzt einen eigenen Fahrrahmen, auf dem der circa 5.800 Liter fassende Tank liegt. Üblicherweise wird das Modell zusammen mit Lemkens Kreiselegge Zirkon eingesetzt.

Die Drillmaschinen-Reihe von Horsch trägt den Namen Pronto. Die Pronto 9 DC bewältigt beeindruckende 9 Meter Arbeitsbreite. Sie kann nach dem Pflügen, aber auch für Mulch- oder Direktsaat herangezogen werden.

Das Modell Aerosem 6000 von Pöttinger ist mit einer Arbeitsbreite von 6 Metern die größte pneumatische Aufbausämaschine dieser Reihe. In 40 Reihen kann mit ihr gleichzeitig Saatgut abgelegt werden.

Das österreichische Unternehmen Pöttinger vertrieb bis Ende des 20. Jahrhunderts Sämaschinen des französischen Herstellers Nodet. Als der Mitbewerber Kuhn die Firma 1996 aufkaufte, übernahm Pöttinger 2001 das Sätechnikwerk in Bernburg. Aus dessen Tradition stammt die mechanische Sämaschine Vitasem.

Die Terrasem-Sämaschinen von Pöttinger wurden speziell für die Mulchsaat konstruiert.

Die Turbodrill 502 F von Rabe ist ein schönes Beispiel für eine Sämaschine mit Fronttank. Bei dieser Konstruktion hat der Fahrer seine Arbeitsgeräte besser im Blick. Die Funktionen und das Gebläse werden elektronisch überwacht.

Da staubt es gewaltig! Die angehängte mechanische Drillmaschine Rapid Super XL 300C kann mit einer Arbeitsbreite von 3 Metern in der Stunde bis zu 3 Hektar aussäen.

Kartoffellegemaschinen

Bevor spezielle Maschinen verfügbar waren, wurden Kartoffeln mittels einer Hacke oder eines Spatens in gleichmäßigem Abstand auf dem Feld gepflanzt.
Die Saatknollen wurden in Pflanzlöcher gelegt und dann mit Erde zugedeckt. Auf größeren Feldern wurden die Saatkartoffeln in Pflugfurchen gelegt, wobei sie nicht zu tief, aber auch nicht zu flach gelegt werden durften. Sie sollten eine mittlere Größe haben. Wenn Pflanzgut knapp war, wurden Kartoffeln auch in zwei Hälften geschnitten und gepflanzt.
Zu den ersten Geräten, die speziell zum Kartoffelanbau benutzt wurden, gehören die Kartoffelpflanzlochmaschinen. Diese Geräte besaßen oft einen Furchenzieher, dem ein Grabstern folgte, der die Pflanzlöcher in einem regelmäßigen Abstand stach. Der letzte Arbeitsgang wurde mit einer Kartoffelzudeckmaschine vollzogen.

Bedeutend einfacher gestaltete sich die Arbeit mit der Kartoffellegemaschine, die sich erst in den 1950er-Jahren zu verbreiten begann.
Diese Maschine erledigt das Stechen, Einlegen und Zudecken in einem Arbeitsgang. Bei den halbautomatischen Kartoffellegemaschinen werden die Knollen von Hand auf ein akustisches Signal hin in eine Legeröhre fallen gelassen. Es gibt auch Maschinen, bei denen die Saatkartoffeln in ein Zellenrad gelegt werden. Das Signal und das Zellenrad sollen für einen gleichmäßigen Abstand der gelegten Kartoffeln sorgen. Bei den voll automatischen Kartoffellegemaschinen wird das Pflanzgut vom Vorratsbehälter über Bechergurte zum Legeapparat befördert. Um vereinzelte leere Becher zu vermeiden, muss eine Person zur Überwachung der Maschine mitfahren. Moderne Kartoffellegemaschinen verfügen über einen automatischen Fehlstellenausgleich.

In den ersten Jahrzehnten nach dem Zweiten Weltkrieg, als noch fast jeder landwirtschaftliche Betrieb Kartoffeln anbaute, waren die halbautomatischen Kartoffellegemaschinen häufig zu sehen. Ein oder zwei Personen saßen auf der Maschine und ließen bei jedem Signalton, der durch ein mitlaufendes Rad erzeugt wurde, eine Kartoffel in die Legeröhre fallen.

Maschinen für Pflegearbeiten

Zu den großen selbstfahrenden Feldspritzen zählt die SPX 3150 von Case IH. Der Motor dieses Fahrzeugs leistet 152 PS. Im Tank haben 2.840 Liter Platz. Die Arbeitsbreite kann bis zu 30 Meter betragen.

Der Düngerstreuer Amazone ZA-M 3000 profiS nimmt bis zu 3.000 Liter Dünger auf. Er verfügt über eine Arbeitsbreite von 10 bis 36 Metern. Einstellungen an der Maschine können über den Bordcomputer vorgenommen werden.

Dieser Düngerstreuer für Weinberge und Obstplantagen stammt von dem elsässischen Landmaschinenhersteller Kuhn. Der MDS 85 ist nur 140 Zentimeter breit, kann aber den Dünger auf einer Breite von 10 bis 18 Metern verteilen.

Feldspritzen

Neben ungünstigen Witterungsverhältnissen stellen tierische Schädlinge, Unkräuter und Krankheiten die größte Gefahr für die Feldfrüchte dar. Ein Ausfall der Ernte konnte sich in früheren Zeiten katastrophal auswirken und die Lebensmittelversorgung der Bevölkerung gefährden. Trotz fortschrittlicher Pflanzenschutzmaßnahmen gehen selbst heute noch bis zu 40 Prozent der potenziellen Ernte verloren. Der Einsatz moderner Methoden und Geräte kann den Landwirt deshalb vor großen Verlusten bewahren.

Unkräuter können oft auf mechanische Weise bekämpft werden. Ein Beispiel dafür ist das sehr zeitaufwendige und anstrengende Rübenhacken, bei dem man noch vor nicht allzu langer Zeit von Hand mit Hacken die jungen Rübenpflanzen von dem wuchernden Unkraut befreite. Heute werden zur Unkrautbekämpfung meist Hackgeräte eingesetzt.

Schwieriger gestaltet sich der Kampf gegen andere Schädlinge wie Blattfresser, Wurzelschädlinge, Kartoffelkäfer, Blattläuse und Milben sowie gegen Erkrankungen wie Krautfäule, Mehltau und verschiedene andere Pilzkrankheiten. Hierzu werden oft chemische Mittel eingesetzt. Das Ausbringen dieser Stoffe erfolgt durch Feldspritzen, die am Traktor angebaut sind, gezogen werden oder selbst fahren. Allerdings können die versprühten Chemikalien unbeabsichtigt Menschen und Tiere schädigen. Auf alten Bildern kann man manchmal noch sehen, wie mit den Pflanzenschutzmitteln unbekümmert umgegangen und die Arbeit mit ihnen ohne jeglichen Schutz durchgeführt wurde. Diese Zeiten sind vorbei: Sowohl für die Funktionsfähigkeit der Maschinen als auch für das Ausbringen gibt es heute strenge Auflagen. Ein exaktes Versprühen der Pflanzenschutzmittel dient aber nicht nur dem Umweltschutz, sondern hilft auch, die Kosten des Landwirts zu senken. Die elektronische Steuerung der Ausbringungsmenge ist dabei sehr hilfreich.

Bei den Feldspritzen wird das mit Wasser verdünnte Spritzmittel im Vorratsbehälter von einer Pumpe angesaugt, an das Gestänge weitergeleitet und über die Düsen versprüht. Das Gestänge kann eine Arbeitsbreite von bis zu 45 Metern erreichen. Der Einsatz der ganz großen Geräte ist nur in der großflächigen Landwirtschaft oder bei Lohnunternehmern rentabel. Um das Überschneiden von Spuren oder das Auslassen von Flächen zu vermeiden, werden manchmal Fahrhilfen oder automatische Spurführungssysteme eingesetzt.

Die selbstfahrenden Feldspritzen Spra-Coupe wurden von der Firma Ag-Chem entwickelt, die heute zum AGCO-Konzern gehört. In Europa vertreibt das Unternehmen sie mit gelbem Anstrich unter dem Markennamen Challenger.

Die UX 5200 von Amazone gehört zu den großen gezogenen Feldspritzen. Ihr Tank fasst bis zu 5.460 Liter. Die Arbeitsgeschwindigkeit von bis zu 18 km/h und die Gestängebreite von bis zu 40 Metern ermöglichen eine hohe Tagesleistung.

Mit der gezogenen Feldspritze SF 216 des US-Landmaschinenherstellers New Holland kann eine Spurbreite von bis zu 40,5 Metern bearbeitet werden. Das Gestänge kann so eingeklappt werden, dass die Transportbreite nur 3,4 Meter beträgt. Das Gerät nimmt bis zu 6.056 Liter Flüssigkeit auf.

Düngerstreuer

Wie andere Lebewesen auch, benötigen Pflanzen zum Wachsen Nährstoffe. Dem Boden geht jedoch durch die Ernte ein erheblicher Teil der Nährstoffe verloren. Dies auszugleichen ist die Aufgabe der Düngung. Dabei können sowohl organische als auch anorganische Dünger wie Stickstoff, Phosphate, Kalk und Kali eingesetzt werden.

Das wichtigste Düngemittel, das den Bauern vor der Einführung des Kunstdüngers zur Verfügung stand, war der Stalldung, den man auf Wagen lud, auf das Feld transportierte und dort mit der Mistgabel verteilte. Damit wurde dem Feld das zurückgebracht, was ihm entzogen worden war. Aber für den intensiven Landbau, der nötig war, um eine ständig wachsende Bevölkerung zu ernähren, reichten die organischen Düngemittel nicht aus.

Die Einführung und ständige Verbesserung der anorganischen Dünger im 20. Jahrhundert brachte eine enorme Steigerung in der Nahrungsmittelproduktion mit sich. Damit einhergehend entwickelten verschiedene Hersteller Düngerstreuer, die vom Traktor angetrieben werden. Diese Maschinen vereinfachen nicht nur die Arbeit, mit ihnen wird auch eine exakte Dosierung ermöglicht, was nicht zuletzt aus Gründen des Umweltschutzes wichtig ist.

Der ZG-B gehört zu den Großflächenstreuern von Amazone. Die Maschine fasst bis zu 5.500 Liter Dünger. Mit dem Zweischeibenstreuwerk kann der Grunddünger bis zu einer Breite von 36 Metern verteilt werden. Bei Kalk kann die Arbeitsbreite bis zu 18 Meter betragen.

Moderne Düngerstreuer – wie die Modelle der ZA-M-Reihe von Amazone – besitzen eine Sensortechnik, die ein präzises Ausbringen des Mineraldüngers ermöglicht. Die Ausbringungsmenge kann an den unterschiedlichen Bedarf einzelner Flächen angepasst werden.

Maschinen für die Ernte

Der Tectron 415 von Grimme zählt zu den leistungsfähigsten selbstfahrenden Kartoffelerntemaschinen. Vier Reihen lassen sich damit gleichzeitig ernten. Der Bunker nimmt bis zu 15 Tonnen an Erntegut auf.

Der dreireihige Maishäcksler MEX V von Pöttinger arbeitet mit der am Heck angebauten Maschine in Rückwärtsfahrt, was mit der Rückfahreinrichtung des Schleppers auf eine komfortable Weise möglich ist.

1996 stellte Krone den BiG M vor, einen selbstfahrenden Großflächenmäher mit Intensivaufbereiter. Die Nachfolgeversion BiG M II besitzt einen 356 PS starken Mercedes-Benz-Motor und arbeitet GPS-gestützt.

Mähwerke und Mähmaschinen

Noch weit in die Neuzeit hinein wurden Grünfutter und Getreide mühsam mit der Sense geschnitten. Diese Arbeit war sehr anstrengend und man brauchte recht lange, bis ein Feld abgemäht war. Besonders bei unsicherer Witterung konnte es sehr schnell zu Einbußen im Ernteertrag kommen. Leider hatte man im Mittelalter vergessen, dass es einmal so etwas wie den „gallischen Mäher" gegeben hatte, eine frühe Mähmaschine der Römerzeit.

Die ersten Maschinen

Der Beginn der neuzeitlichen Mechanisierung bei der Ernte von Gras, Klee und anderen Futtermitteln ist noch gar nicht so lange her. Ein schottischer Pfarrer namens Patrick Bell erfand 1826 eine Mähmaschine, deren Schnitttechnik noch heute genutzt wird: ein Messerbalken mit Fingern, die in zwei Reihen angeordnet sind und durch Hin-und-her-Bewegung einer Fingerreihe arbeiten. Die Maschine wurde allerdings nicht gezogen, sondern geschoben. Bells Idee war zwar lokal erfolgreich, aber da das Messer leicht verstopfte, konnte sie sich nicht durchsetzen. Allerdings spornte sie die groß werdenden Landmaschinenproduzenten in den USA an, etwas Ähnliches auf den Markt zu bringen.

Der seitlich am Traktor angebrachte Mähbalken war lange Jahre überall zu sehen. Die modernen Mähmaschinen unserer Tage werden an der vorderen oder hinteren Zapfwelle montiert.

Obed Hussey, eine Art Kapitän Ahab der Branche – er hatte beim Walfang ein Auge und einen Arm verloren –, erfand 1833 in Cincinnati eine Mähmaschine, um seinen verlorenen Arm auszugleichen, die er auch für andere bauen ließ.
Unabhängig von ihm war Cyrus McCormick mit dem Bau einer Mähmaschine befasst, die er aber erst ein Jahr später vorführen konnte. Aus dem folgenden harten Wettstreit ging McCormick, dessen Firma nach seinem Tod 1884 in der International Harvester aufging, als Sieger hervor. Hauptsächlich waren diese Maschinen für Getreide gedacht, doch ab 1851 konnte man mit einem veränderten Messerbalken auch Gras schneiden.
Im Lauf des 19. Jahrhunderts wurden auch in Deutschland Mäher hergestellt. Die speziellen Grasmäher ähnelten den bei Trabrennen eingesetzten Sulkys. Über der Achse saß der Arbeitende, der die Pferde lenkte und den Messerbalken, der rechts von ihm abgelegt wurde, im Blick hatte. Wichtigster deutscher Hersteller war der damalige Landmaschinengigant Fahr, der ab 1899 Hunderttausende Grasmäher verkaufte.

Der Mähbalken am Traktor

Mit dem Aufkommen von Traktoren in der Erntearbeit konnte der Mähbalken auch in der motorisierten Landwirtschaft verwendet werden. Er wurde durch einen eigenen Mähantrieb an der rechten Seite des Traktors zum Laufen gebracht. Allerdings gab es später auch Einsatzformen als Heckmähwerk: Dazu wurde das Gerät an der Dreipunktaufhängung befestigt und mit der hinteren Zapfwelle angetrieben. Als Nachläufer konnte teilweise gleichzeitig ein Zetter betrieben werden, sodass man sich einen Arbeitsgang sparte.

Für den Transport werden Heckmähwerke wie dieser Scheibenmäher Disco 3100 von Claas einfach um 90 Grad nach oben geklappt. Nun kann der Traktor seine Höchstgeschwindigkeit von 40 km/h ausfahren.

Dank der vorderen Zapfwelle werden Frontmähwerke immer beliebter. In der Regel sieht man sie zusammen mit einem oder zwei Heckmähwerken. Hier arbeitet ein Fendt der Reihe 200 S mit einem Frontmähwerk von Pöttinger und einem Heckmähwerk rechts.

Auch Obstbaubetriebe brauchen in ihren Anlagen ein Mähfahrzeug. Das Mähwerk Splendimo HD 83 des niederländischen Landmaschinenherstellers Lely besitzt die dafür erforderliche geringe Arbeitsbreite.

Der Mähbalken war für den Transport nach oben gerichtet. Damit er bei Arbeitsbeginn in die richtige waagerechte Position kam, wurde er in den Anfangsjahren mit einem Handhebelwerk abgelegt. Mit dem Aufkommen der Traktorhydraulik wurde auch zum Ausheben des Mähbalkens der Kraftheber genutzt.

Gerade bei Böschungen, Gräben oder wie hier an Flussufern ist es nötig, dass ein Mähwerk nach oben oder unten gestellt werden kann. Für solche Einsatzgebiete wurde die Splendimo HD 103 konstruiert.

Mähmaschinen legen das geschnittene Gras so ab, dass der Traktor nicht darüberfährt, sondern sich im geschnittenen Bereich befindet. Als Heckmähwerk wird hier das GX 3205 SM von JF-Stoll eingesetzt.

Wichtig für den Landwirt war die Möglichkeit, den Winkel des Messerbalkens individuell verstellen zu können. Dadurch war es möglich, Böschungen oder leichte Anstiege zu mähen. Bei einer 90-Grad-Position konnte man das Gerät sogar zum Heckenschneiden verwenden. Diese Möglichkeiten bieten natürlich auch die modernen Mähwerke an.

Weil beim Messerbalken immer wieder Verstopfungen auftraten, führte Fahr in den 1960er-Jahren als erste Firma den Kreiselmäher ein, mit dem eine neue Ära begann.

Der Kreiselmäher wurde an der Dreipunktaufhängung angebaut und mit der Zapfwelle betrieben. Er besaß im Normalfall vier Mähtrommeln, an denen mehrere Messerklingen befestigt waren. Diese konnten beim Auftreffen auf ein Hindernis, zum Beispiel einen Stein, zurückschwenken und dadurch ein Blockieren vermeiden. Die Trommeln rotierten paarweise gegenläufig, also die einen zwei im Uhrzeigersinn, die anderen beiden entgegen. Das gemähte Gras wurde in Schwaden abgelegt.

Eine EasyCut 320 von Krone beim Einsatz im bayerischen Voralpenland. Gut zu erkennen sind die Befestigung an der Dreipunktaufhängung und die Kraftübertragung über die Zapfwelle.

In den 1980er-Jahren startete Krone mit seinem Scheibenmähwerk AM 201 eine Produktreihe, die noch heute fortgeführt wird. Dieses Gerät besaß fünf Mähscheiben bei einer Arbeitsbreite von 2 Metern.

Mähwerke und Selbstfahrer

Mit der Entwicklung der Frontzapfwelle wurde es möglich, auch vorn am Traktor ein Mähwerk anzubauen. Dadurch besaß man zum einen einen besseren Überblick, außerdem wurde das Gras nicht durch die Traktorräder heruntergedrückt. Heute sind Mähkombinationen mit gleichzeitigem Front- und Heckanbau der neueste Stand. Dadurch werden enorme Arbeitsbreiten erreicht. Die seitlich ausladenden Heckgeräte werden nach der Arbeit hochgeklappt, um eine zulässige Transportbreite herzustellen. Für unebene Felder gibt es elektronische Systeme, die für eine optimale Bodenanpassung der Mähwerke sorgen.

In den USA waren solche Mähkombinationen schon früh eine interessante Option, auch in der DDR mit ihren großen zusammenhängenden Flächen wurden solche Maschinen gebaut. In den letzten Jahren hat auch das niedersächsische Unternehmen Krone die Idee des selbstfahrenden Mähers aufgegriffen. Der selbstfahrende Hochleistungs-Mäh-Aufbereiter BiG M wurde 1996 vorgestellt. Das stärkste Modell dieser Baureihe hat 510 PS, weit mehr als die meisten Traktoren. Das Mähgut wird in den großen Tank hinter dem Fahrersitz gebracht und dort aufbereitet.

Ein 8470 von Massey Ferguson führt die GXT 15005 SM von JF-Stoll vor, die zusammen mit einem Frontmähwerk eine Arbeitsbreite von 14,6 Metern besitzt und eine Fläche von 20 Hektar pro Stunde bewältigt.

Auch kleinere Hersteller bieten immer wieder interessante Konstruktionen an. Dieser italienische Mäher ist ein selbstfahrender Ladewagen, der das gemähte Gras durch ein Mähwerk aufnimmt und über ein Förderband in den Laderaum befördert.

Die Reform-Werke in Oberösterreich konzentrierten sich nach dem Zweiten Weltkrieg auf selbstfahrende Mäher. Die Metrac-Fahrzeuge sind vielseitig einsetzbar und für die Aufgaben in der alpinen Grünlandwirtschaft bestimmt. Der Metrac H 7 S ist mit Allradantrieb und Bordcomputer ausgestattet.

In Österreich ist die Milchwirtschaft traditionell sehr verbreitet. Das Frontmähwerk Novaalpin von Pöttinger wurde speziell für die Arbeit in Gebirgsgegenden konstruiert.

In Gebirgsregionen herrscht die Grünlandbewirtschaftung vor. Hier sind leichte Mähwerke wie das abgebildete Frontmähwerk EasyCut 28 M von Krone nötig, die optimal auf das oftmals wellige Gelände ansprechen.

In den Vereinigten Staaten wurde schon früh mit selbstfahrenden Mähern experimentiert. Dort gibt es heute ein breites Spektrum solcher Fahrzeuge. In Europa hingegen setzte man eher auf Anbaugeräte für den Traktor.

Schwader und Wender

Wenn das Gras gemäht ist, wird es entweder gleich auf einem Ladewagen mitgenommen oder man lässt es auf der Wiese liegen und in der Sonne antrocknen. Das ist notwendig, um es haltbar zu machen, damit man auch im Winter und Frühling genügend Futter hat. Um diesen Vorgang gleichmäßig ablaufen zu lassen, ist es nötig, das Erntegut zu verteilen, zu wenden und aufzulockern. Diese Arbeit wurde früher bei gutem Wetter mithilfe einer einfachen Heugabel durchgeführt – aber das kostete Zeit.
Deshalb haben auch in diesem Bereich die großen Erfinder in der Zeit der Aufklärung und der industriellen Revolution nach technischen Lösungen gesucht. So kam man auf die Idee, kleine Werkzeuge, die aussahen wie Heugabeln, an eine Welle zu montieren, die durch die Achsbewegung des Gefährts in eine Drehung versetzt wurde. Das Ganze wurde von einem Zugtier übers Feld gezogen. Mit solchen Gabelwendern konnte man das Heu zur besseren Trocknung wenden, aber auch auf dem Feld ausbreiten, was man als Zetten bezeichnet.

Nach dem Zweiten Weltkrieg entwickelte Lely den Sternrechwender, der sich durch Lizenzen schnell verbreitete. Der Antrieb der großen Räder erfolgte über die Reibung am Boden, das Gerät musste also nicht mit einer Zapfwelle angetrieben werden. Das war für viele ältere Traktoren ideal.

Ein Heurechen, auch Hungerharke genannt, sammelt das Gras oder Heu zusammen, damit es für den Abtransport günstig liegt. Das hier gezeigte Modell stammt von Bautz, einem der wichtigen Landmaschinenproduzenten der Vor- und Nachkriegszeit.

Der Sternrechwender

Ein anderes sehr häufig gebautes Gerät, das auch heute noch bei verschiedenen Herstellern in den Programmkatalogen zu finden ist, heißt Sternrechwender. Diese Maschine wurde in den 1950er-Jahren von dem niederländischen Landmaschinenspezialisten Lely erfunden und in Lizenz von vielen Herstellern, darunter Bautz und Niemeyer, gebaut. Der Sternrechwender besitzt mehrere senkrecht zum Boden stehende Räder, die viele Zinken haben. Diese Zinken werden mit der Fahrbewegung durch die Reibung am Boden angetrieben. Sie können das gemähte Gras zetten, wenden oder Schwaden ziehen. Da es besonders bei unebenen Böden leicht zu Beschädigungen der Grasnarbe kam, wurden Sternrechwender entwickelt, die an der Zapfwelle angetrieben werden und die Reibungskräfte verringern. Vor allem in den USA sind diese Geräte noch heute sehr beliebt.

Bis zum Kreiselheuer

Besonders erfindungsreich war die südbadische Firma Fahr, die später in Deutz-Fahr aufging. Sie revolutionierte nicht nur mit dem Kreiselmäher die Grasernte, sondern konstruierte auch mit dem Schnellheuer ein Heumaschinensystem, bei dem an quer zur Fahrtrichtung laufenden Ketten Rechen angebracht sind.

Besonders für kleinere Betriebe gedacht war der Universalkreisel, mit dem auch 15-PS-Schlepper zurechtkamen. Er war an der Dreipunktaufhängung angebracht und wurde mit der Zapfwelle betrieben. Mit seinen beiden tief am Boden liegenden Kreiseln konnte er zetten, wenden und Schwaden streuen.

Höhepunkt der Entwicklungen in diesem Bereich war jedoch der Kreiselheuer, mit dem für die Behandlung des Ernteguts auf dem Feld eine neue Arbeitsweise entwickelt wurde. Der Kreiselheuer hat an einem oder mehreren Kreiseln Arme, an denen Federzinken angebracht sind. Diese Zinken werden durch Fahrwerke mit kleinen Rädern in den richtigen Abstand zum Boden gebracht. Größere Modelle haben inzwischen schon eigene Träger, die wiederum selbst ein großrädriges Fahrwerk besitzen. Diese Maschinen können – ohne aufwendig umgebaut werden zu müssen – zetten, wenden oder Schwaden streuen. Dank ihrer Fahrwerke können sie mit recht hohen Geschwindigkeiten arbeiten. Besonders für größere Flächen haben sich diese Kreiselheuer allgemein durchgesetzt.

Die Traditionsfirma Fahr, die 1870 in Gottmadingen gegründet wurde, gehörte einst zu den größten Landmaschinenproduzenten Europas. Vor allem in der Futtererntetechnik gehörte das Unternehmen lange Jahre zu den Marktführern. Nach der kompletten Übernahme durch Deutz 1975 blieb auch die Fertigung von Schwadern ein wichtiger Bereich der Angebotspalette.

CLAAS

Die Claas KGaA mbH gehört zu den weltweit führenden Landtechnikunternehmen. Der Hauptsitz des Konzerns liegt im ostwestfälischen Harsewinkel. Dieser Schwader Liner 880 von Claas verfügt über zwei große Kreisel mit eigenen vierrädrigen Fahrwerken. Der brückenförmige Träger, der auch das Gewicht des Geräts hält, besitzt eine zusätzliche Laufachse, die als Portalachse ausgebildet ist.

Lely ist seit Jahren ein wichtiger Impulsgeber in der Grünlandtechnik. Mit der Hibiscus-Reihe präsentierten die Niederländer leistungsfähige Schwader.
Der Hibiscus 455 ist eher für kleinere Betriebe gedacht, von Lely gibt es aber auch den größten Mittenablage-schwader der Welt.

Das Schwadenziehen ist nötig, damit das zu bergende Gut von einem Ladewagen besser aufgenommen oder durch eine Ballenpresse verarbeitet werden kann. Die Möglichkeiten, die sich bieten, sind dabei recht vielfältig. Die Maschine kann das Gras oder Heu zu einer großen Schwad ansammeln: Sie arbeitet dann mit Mittenablage. Sie kann auch mehrere kleine Schwade ziehen, die sogenannten Lohreihen, oder etwa zwei größere. Man kann aber auch einen Schwader mit Seitenablage einsetzen. Dies macht es möglich, bei der Fahrt in die entgegengesetzte Richtung das Erntegut neben oder auf ein bereits vorhandenes Schwad abzulegen. So lässt sich der Aufwand des Ladens weiter reduzieren. Die großen Schwader der neueren Generation haben Arbeitsbreiten, die zum Teil weit über 10 Meter betragen. Sie müssen für den Transport hochgeklappt werden. In der Regel geschieht das hydraulisch, sodass kein Kraftaufwand erforderlich ist. Da die großen Modelle außerdem bereits ein eigenes Fahrwerk besitzen, kann der Transport problemlos in höheren Geschwindigkeiten vonstatten

Für große Arbeitsbreiten entwickelten verschiedene Hersteller aufgesattelte Schwader mit eigenem Fahrwerk.
Bei dem hier abgebildeten Modell handelt es sich um den R 1605 des dänisch-deutschen Grünlandspezialisten JF-Stoll.

gehen. Das ist auch wichtig, denn immer häufiger kaufen Lohnunternehmer die großen Maschinen, die den Transfer zum nächsten Einsatzort möglichst schnell vollziehen wollen.

Schwader im alpinen Raum

In Bergregionen war es immer schwierig, das Gras zu mähen. Im Sommer kann man das umgehen, indem man das Vieh auf die Alm hochschickt und dort die Matten abgrasen lässt. Doch auch für den Winter muss man genügend Futter haben. Um das mühsame Schwingen der Heugabel zu vermeiden, hat man den Bandrechen eingeführt. Auch er kann zetten, wenden und schwadziehen. Er nimmt zum Schwaden das Grüngut auf und befördert es über ein quer laufendes Band an die Seite, wo es dann abgelegt wird. Bandschwader werden, zum Beispiel von der Firma Kuhn, auch für die Ebene gebaut. Sie bilden links und rechts von der Maschine zwei Schwaden, die Arbeitsbreite kann bei bis zu 10 Metern liegen.

Bandrechen wie diese Heuraupe 180 von Pöttinger wurden speziell für die Grasernte in Gebirgsgegenden entwickelt. Der Landwirt kann mit diesen extrem hangtauglichen und leichten Maschinen zetten, wenden und schwadziehen.

Mit der Eurohit-Serie bietet Pöttinger seit 1987 ein vielfältiges Programm an Kreiselzettern an. Das Modell 61 N besitzt einen Schwenkbock, mit dem der Eurohit am Traktor angebaut ist.

Ein Großschwader wie der Swadro 1400 von Krone kann bis zu 13 Hektar in der Stunde bewältigen. Heu in einer Breite von 13,5 Metern wird zu einer gleichmäßigen Mittelschwad zusammengehäuft. Dadurch werden dem Ladewagen längere Strecken erspart.

Ein Zweikreiselschwader R 655 DS von JF-Stoll wird von einem MBtrac gezogen. Damit ist er fast schon übermotorisiert: Denn für solche Maschinen reichen Schlepper mit einer Leistung um 40 PS völlig aus. An jedem Kreiselarm sind vier Doppelzinken montiert.

Der Mounty des Berglandtechnikspezialisten Reform mit Sitz im oberösterreichischen Wels ist ein für den alpinen Raum optimiertes Trägerfahrzeug, das ähnlich einem Traktor verschiedene Geräte verwenden kann. Hier ist das Fahrzeug an steilem Gelände mit einem Frontschwader im Einsatz.

KRONE
KRONE
KWT

Kartoffel- und Rübenerntemaschinen

Kartoffeln und Rüben gehören zu den wichtigsten Hackfrüchten. Kartoffeln leisten in erster Linie einen bedeutenden Beitrag zur Ernährung der Menschen. Sie werden aber auch an Tiere verfüttert, beispielsweise an Schweine und Geflügel. Rüben waren vor allem vor der Einführung der Silage ein wichtiges Futtermittel für die Winterzeit, da man sie leicht lagern konnte. Als Zuckerrüben werden sie auch in der Zuckerproduktion verwendet.

Schon das Heranziehen der Kartoffeln und Rüben war, bevor entsprechende Maschinen zur Verfügung standen, sehr aufwendig, da jedes einzelne Pflänzchen mit einer Hacke vom Unkraut befreit werden musste. Und auch die Ernte war mit schwerer Handarbeit verbunden.

1855 erfand schließlich der Schotte J. Hanson einen Schleuderrad-Roder, der die Kartoffelernte erleichterte. Die Maschine wurde von einem Gespann gezogen, grub mit dem Schleuderrad die Dämme auf und beförderte die Feldfrüchte ans Tageslicht. Die Kartoffelroder wurden nach der Einführung der Traktoren weiterhin verwendet, nun über die Zapfwelle angetrieben. Einen noch größeren Schritt vorwärts brachte der Sammelroder, bei dem das aufgenommene und gereinigte Erntegut in einem Bunker mitgeführt und dann an einer Stelle entladen werden konnte. Allerdings mussten weiterhin einige Personen auf der Maschine stehen, um Steine, Kraut und andere unerwünschte Fremdkörper zu beseitigen.

Auch die Rübenernte wurde mittlerweile mechanisiert. Die Maschinen werden vom Traktor gezogen oder besitzen einen eigenen Antrieb. Die selbstfahrenden Rübenernter zählen zu den Giganten der Landmaschinen, ihre Motorleistung kann bis zu 500 PS betragen.

Auf großen Feldern werden oft selbstfahrende Kartoffelvollernter eingesetzt. Das im niedersächsischen Damme beheimatete Traditionsunternehmen Grimme spielte mit seinen Selbstfahrern schon früh eine bedeutende Rolle in der Kartoffel- und Rübenerntetechnik.

Bei der Baureihe Wisent handelt es sich um Kartoffelsammelroder der Landmaschinenfabrik Hagedorn, die ihren Sitz im westfälischen Warendorf hat. Das Entfernen von kleinen Steinen und Erde erfolgt über ein Siebband. Auf dem Krautband werden die pflanzlichen Überreste abgenommen.

Bei der Kartoffelvollerntemaschine SE 75-55 von Grimme wird größeres Kraut von einem Grobkrautband entfernt. Das Trennen der Kartoffeln von Restkraut und kleineren Beimengungen erfolgt über ein Doppelabstreifband und ein Igelband.

Maisernter

Der Mais ist eine Getreideart, die ursprünglich aus Mittelamerika stammt und heute als eines der wichtigsten Nahrungsmittel auf allen fünf Kontinenten angebaut wird. Die ersten Maisanbauversuche in Europa wurden im 16. Jahrhundert in Spanien unternommen. In Mitteleuropa dauerte es jedoch bis in die Mitte des 20. Jahrhunderts, bis der Mais in nennenswerter Weise Verbreitung fand. Seitdem sind die Maisfelder aus dem Landschaftsbild nicht mehr wegzudenken.

Mais hat einerseits als Nahrungsmittel für den Menschen eine große Bedeutung, weitaus wichtiger ist er aber in Mitteleuropa als Viehfutter, da er sich hervorragend zum Silieren eignet. In letzter Zeit wird die Pflanze auch zunehmend als nachwachsender Rohstoff und Energielieferant verwendet.

In den 1950er-Jahren wurde der Mais oft noch von Hand geschnitten oder mit Mähbindern geerntet. Er wurde dann ebenfalls mit der Hand auf einen Wagen geladen und auf dem Hof mit einem stationären Häcksler zerkleinert, wenn er als Viehfutter diente. Bei der Verwendung als Nahrungsmittel mussten die Kolben ausgebrochen und die Hüllblätter entfernt werden. Danach wurden die Körner abgelöst.

Es dauerte jedoch nicht lange, bis die Ernte mechanisiert wurde. In den 1960er-Jahren rüstete man die ersten Mähdrescher mit Maismähvorsätzen für die Maiskörnerernte aus. Bei der Verwendung als Futtermittel traten die Feldhäcksler ihren Siegeszug an. Heute wird die Ernte zumeist von den großen Maschinen der Lohnunternehmer durchgeführt.

Dieser Mähdrescher von Deutz-Fahr ist mit einem Maispflückvorsatz ausgestattet. Zwischen den Leitblechen des Vorsatzes befinden sich Pflückwalzen und Pflückschienen, die das Absprengen der Maiskolben erledigen.

Der FHX 300 ist ein gezogener Feldhäcksler von Case IH, der verwendet wird, wenn der Mais als Futter dient. Die zwölf Messer der Häckseltrommel können das Erntegut in Stücke mit einer Länge von 4,8 bis 33,4 Millimetern zerkleinern.

Schon 1973 führte Claas den selbstfahrenden Feldhäcksler Jaguar ein, der sich weltweit zum führenden Produkt in dieser Branche entwickelte. Die Jaguar-Feldhäcksler werden meist für die Maisernte, oft aber auch für die Ernte anderer Nutzpflanzen eingesetzt. Der hier abgebildete Jaguar ist mit einem achtreihigen Maispflückvorsatz ausgestattet. Die konischen Pflückwalzen erfassen die Stängel und pflücken die Kolben ab.

Für die Ernte von Mais zum Zweck der Silagebereitung werden meist Feldhäcksler mit Maisgebissen, wie dieser CHX 620 von Case IH, eingesetzt. Das Erntegut wird vom Feldhäcksler zerkleinert und durch den Kamin auf den Wagen geblasen.

Mähdrescher

Getreide wie Weizen oder Reis gehören zu den weltweit wichtigsten Grundnahrungsmitteln. Heute wird die Getreideernte schnell und effizient von Mähdreschern erledigt. In modernen Mähdreschern sitzt der Fahrer in einer klimatisierten Kabine und wird beim Steuern oft zudem von einer Lenkhilfe unterstützt. Es war allerdings ein langer Weg, bis solche Hightech-Maschinen die beschwerliche Erntearbeit übernahmen.

Vor dem Einsetzen der Mechanisierung in der Landwirtschaft gehörte die Ernte zu den anstrengendsten Arbeiten. Das Getreide wurde mit Sicheln oder Sensen, die mit einem Korb versehen waren, gemäht. Hinter den Mähern gehende Personen hatten die Aufgabe, das geschnittene Getreide zu Garben zu binden und mehrere davon zum Trocknen zusammenzustellen. Nach dem Trocknen wurde das Getreide auf Wagen verladen und auf den Hof transportiert, wo es in der Scheune gelagert wurde. Wenn es die Zeit erlaubte, wurde es gedroschen. Dies erfolgte auf der Tenne, dem befestigten Fußboden, und das am weitesten verbreitete Werkzeug dafür war der Dreschflegel, mit dem man auf das Getreide schlug, damit sich die Körner ablösten.

Das Getreide wurde in der Scheune mit Dreschflegeln gedroschen, um die Körner aus den Ähren zu lösen.

Auf größeren Gehöften kamen für diese Arbeit auch Schlitten oder Walzen, die von Tieren gezogen wurden, zum Einsatz. Zum Trennen der Spreu von den Körnern wurde oft ein flacher Korb, die sogenannte Worfel, verwendet, mit dem die Körner in die Luft geworfen wurden, damit der Wind die leichtere Spreu davonwehte.

Die Getreidemäher

Die ersten erfolgreichen Versuche, die Getreideernte zu erleichtern, wurden Anfang des 19. Jahrhunderts unternommen. Der Schotte Patrick Bell wurde mit seinem von Pferden geschobenen Mäher bekannt. Allerdings wurden nur wenige Exemplare dieses Geräts gebaut, da es noch nicht funktionsfähig genug war, um den Kauf für einen Landwirt rentabel zu machen. Vier dieser Mäher gelangten nach Nordamerika, wo einige Tüftler damit begannen, die Maschine weiterzuentwickeln.

Sensen zum Getreidemähen besaßen oft einen Korb, in den das Schnittgut fiel, um in Bündeln zum Binden abgelegt werden zu können.

Bei diesem Getreidemäher von 1857 musste noch eine Person das Mähgut von der Plattform rechen.

Die nordamerikanische Landwirtschaft unterschied sich von der europäischen unter anderem dadurch, dass den Farmern größere Flächen zur Bewirtschaftung zur Verfügung standen. Vor allem in den Nordstaaten der USA und in Kanada mangelte es an billigen Arbeitskräften. Anders als in Europa existierte dort kein Landproletariat, das bereit gewesen wäre, für geringe Bezahlung schwere Arbeiten zu verrichten. Der Rationalisierungsdruck war bedeutend höher als in der Alten Welt.

Es gab mehrere Erfinder, die sich daranmachten, von Pferden gezogene Getreidemäher zu entwickeln. Am Anfang machten vor allem zwei Personen von sich reden: Cyrus McCormick aus Virginia und Obed Hussey aus Ohio. Die beiden lieferten sich mit mehreren patentierten Erfindungen einen erbitterten Wettbewerb, der sich auf den Feldern und in den Gerichtssälen abspielte. Als Sieger ging aus diesem Wettstreit schließlich McCormick hervor, der 1847 nach Chicago zog und dort eines der größten Landmaschinenunternehmen der Welt aufbaute.

Die Mähbinder

Bei den ersten Mähern fiel das gemähte Getreide auf eine Plattform auf der Maschine. Von dort wurde es von einer neben dem Mäher gehenden Person heruntergerecht. Andere banden das Stroh zu Garben. Es war also immer noch jede Menge Handarbeit erforderlich. 1852 erfand schließlich der US-Amerikaner Jearum Atkins eine Vorrichtung, die das Getreide automatisch von der Plattform rechte. Es musste dann nur noch gebunden werden.

Der Atkins-Rechen wurde bald von allen Mäher-Herstellern übernommen, sodass bloße Mäher kaum noch verkauft wurden.

Zu einem weiteren bedeutenden Fortschritt in der Mechanisierung der Getreideernte kam es, als Anfang der 1870er-Jahre der US-Amerikaner Charles Withington den Mäherproduzenten einen automatischen Binder anbot. Das Gerät bestand aus zwei Metallarmen, die das geschnittene Getreide aufnahmen und es mit Draht zu Garben banden. Das Interesse an dieser Entwicklung war nicht nur bei den Herstellern, sondern auch bei den Landwirten groß, denn nun konnte erneut ein Arbeitsgang automatisiert werden. Dies war die Geburtsstunde der „Mähbinder" oder „Bindermäher", die fast überall dort eingesetzt wurden, wo das Erntegut gebunden werden musste. Der anfangs zum Binden verwendete Draht erwies sich allerdings als nicht unproblematisch, da Stücke davon in das Futter gelangen und die Gesundheit der Tiere gefährden konnten. Ein in den späten 1870er-Jahren von John F. Appleby entwickelter Binder verwendete Garn anstelle von Draht und setzte sich schließlich auf dem Markt durch. Für die Herstellung von Bindegarn wurden eigene Fabriken errichtet. Gegen Ende des 19. Jahrhunderts wurden „Mähbinder" auch nach Europa exportiert und schließlich dort von einigen Unternehmen selbst hergestellt.

Für die Mähbinder wurden verschiedene Bezeichnungen benutzt. Diese Maschinen der Berliner Firma Eckert wurden „Garbenbinder" genannt.

Die in Bäumenheim bei Donauwörth beheimatete Firma Dechentreiter gehörte zu den bekanntesten Dreschmaschinenherstellern in Deutschland. Diese Maschine wird von einem Eicher-Traktor angetrieben.

Die Dreschmaschine erleichterte die Erntearbeit erheblich.

Die Dreschmaschinen

Auch auf den Höfen war man bestrebt, sich die Arbeit zu erleichtern, indem man das Dreschen den Maschinen überließ. Schon gegen Ende des 18. Jahrhunderts erwarb der Schotte Andrew Meikle ein Patent auf eine Dreschmaschine. Wie die Mäher, verbreiteten sich jedoch auch diese Geräte zuerst auf der anderen Seite des Atlantiks. Der Widerstand gegen die Dreschmaschinen war in Europa besonders groß, weil manche Landarbeiter ihr Einkommen dadurch gefährdet sahen.

Das zentrale Element der Dreschmaschine bestand aus einer Dreschtrommel, die sich innerhalb eines Korbes drehte. Die Trommel und der Korb waren entweder mit Stiften oder Schlagleisten ausgestattet. Das Getreide wurde von Hand in die Maschine gelegt und von der Trommel eingezogen. Wenn es zwischen die Schlagleisten oder Stifte der Trommel und des Korbes geriet, wurden die Körner aus den Ähren gerissen. Sie fielen durch den Korb auf ein Sieb, wo sie durch ein Gebläse weiter gereinigt wurden. Das Stroh wurde auf einen Schüttler transportiert, wo das Restkorn noch ausgesiebt wurde.

Die Dreschmaschinen wurden anfangs meist von Göpeln oder Tretmühlen angetrieben, wobei die Zugkraft von Pferden oder anderen Tieren genutzt wurde. Das Aufkommen der Dampfmaschinen bedeutete auch hier einen bedeutenden Fortschritt: Denn erstens ermüdeten die Maschinen nicht und zweitens konnte das Dreschen gleich auf dem Feld erfolgen. Später übernahmen die Traktoren diese Aufgabe.

Als die Traktoren als Antriebskraft zur Verfügung standen, war es möglich, das Getreide nach dem Mähen auf dem Feld zu dreschen.

Der Fendt 5250E gehört zur E-Reihe, die auf die Bedürfnisse mittelgroßer Betriebe und Lohnunternehmer abgestimmt ist. Die Motorleistung liegt bei 243 PS. Fünf Schüttler sorgen für die Restkornabscheidung aus dem Stroh.

Die ersten Mähdrescher

Schon in den 1830er-Jahren versuchte Hiram Moore im US-Bundesstaat Michigan, eine Dreschmaschine mit einer Mähmaschine zu kombinieren. Zum Ziehen der von ihm entwickelten Maschine waren 20 Pferde nötig. Der erste Mähdrescher hinterließ wegen seiner Größe zwar gewiss einen bleibenden Eindruck, die anderen Farmer waren aber offenbar nicht bereit, ihr Geld in den Kauf dieser Maschine zu investieren. 1854 tauchte jedoch eine nach Moores Plänen gebaute Maschine in Kalifornien auf. Andere Erfinder begaben sich nun daran, den Mähdrescher weiterzuentwickeln und ihn einsatzfähig zu machen. Es waren teilweise gewaltige Maschinen, die aus den Werkstätten kamen: Manche mussten von bis zu 40 Pferden oder Maultieren gezogen werden. Das Arbeiten damit war nicht problemlos, denn die Zugtiere konnten plötzlich durchgehen und die Maschine ruinieren. Auf den großen Farmen des Westens fanden sie trotzdem ein Einsatzfeld.

1886 kam George Stockton Berry, der in Kalifornien über 1.600 Hektar Getreide angebaut hatte, auf die Idee, einen Mähdrescher mit einer Dampfmaschine als Antrieb auszustatten. Als Brennstoff wurde Stroh verwendet.

Die Dampfmähdrescher waren gegenüber den von Pferden gezogenen Maschinen ein großer Fortschritt, aber sie hatten ein enormes Gewicht.

Mit den Traktoren verbreiteten sich auch schnell die gezogenen Mähdrescher, die kleiner und leichter waren als die großen dampfgetriebenen Maschinen.

Berrys Versuch funktionierte: Der erste selbstfahrende Mähdrescher war geboren. Zwei Jahre später stattete Berry seinen Mähdrescher mit einem 12 Meter breiten Mähwerk und einer Beleuchtung für den Nachteinsatz aus. Es gelang ihm, an einem Tag 40 Hektar zu dreschen.

Die großen, schweren, dampfgetriebenen oder gezogenen Mähdrescher blieben auf den amerikanischen Westen beschränkt. Weiter im Osten und in Europa setzte man lieber die leichteren und bezahlbaren Mäher und Mähbinder ein. 1900 stellte die Firma Fahr aus Gottmadingen den ersten in Deutschland gebauten Gespannmäher mit einer Getreide-Handablage her.

Ab 1911 produzierte die International Harvester Company, die aus dem Zusammenschluss von McCormicks Unternehmen mit vier anderen Landmaschinenherstellern entstanden war, in ihrer deutschen Niederlassung zu Neuss am Rhein ebenfalls Getreidemäher.

1921 erwarb August Claas, einer der Gründer des Unternehmens Claas mit Sitz in Harsewinkel, ein Patent auf einen von ihm entwickelten Knoter, der auf importierten Mähbindern zum Einbau kam.

Zur gleichen Zeit arbeitete man auf der anderen Seite des Atlantiks an der Weiterentwicklung der Mähdrescher. Die bereits Anfang des 20. Jahrhunderts einsetzende Verbreitung der Traktoren ermöglichte den Einsatz von Mähdreschern in einem bedeutend größeren Umfang. Die Maschinen wurden anfangs noch über ein großes Rad angetrieben und von einem Traktor oder Pferden gezogen. 1922 brachte der kanadische Hersteller Massey-Harris einen Mähdrescher mit einem Hilfsmotor auf den Markt. Mit der bald darauf folgenden Einführung der Zapfwelle konnten die Maschinen direkt vom Traktor aus angetrieben werden, wobei manche nach wie vor mit einem Hilfsmotor ausgestattet wurden, da nicht alle Schlepper die nötige Leistung aufbringen konnten.

Für den Betrieb der ersten Mähdrescher musste noch die Kraft von Zugtieren eingesetzt werden. Mit so vielen Tieren zu arbeiten war nicht unproblematisch. Sie brauchten Futter und Wasser und ermüdeten schnell.

Auf den Farmen des nordamerikanischen Kontinents fanden bereits vor dem Zweiten Weltkrieg Traktoren eine weite Verbreitung. Obwohl nun maschinelle Zugkraft zur Verfügung stand, kamen nicht überall Mähdrescher zum Einsatz. Oft wurden auch noch Getreidemäher und Mähbinder verwendet. Allerdings diente nun die Zapfwelle zum Antrieb der Maschinen.

Dieser Mähdrescher von Case IH verfügt über einen der Länge nach eingebauten Rotor, der für das Dreschen zuständig ist. Das Mähgut wird dem Rotor entlang nach hinten geleitet, wobei Körner und Stroh getrennt werden.

Der Massey Ferguson 9895 ist ein Mähdrescher der Superlative. Angetrieben wird er von einem 459 PS starken Motor. Der 12.300 Liter fassende Korntank kann mit einer Geschwindigkeit von 158 Litern pro Sekunde entleert werden.

Dieser Großmähdrescher von New Holland stammt aus Zedelgem, wo Claeys den ersten europäischen Selbstfahrer baute. Die Schnittbreite des CR9070 liegt bei 6,10 bis 9,15 Metern. Der Motor erbringt eine Maximalleistung von 469 PS.

Moderne Mähdrescher – wie diese Maschinen von Case IH – verfügen über Fahrerkabinen mit Klimaanlage. Der Fahrer ist nicht mehr dem Staub und der Hitze ausgesetzt. Beim exakten Arbeiten hilft eine Fahrhilfe oder eine automatische Steuerung. Diese Technik ermöglicht eine nahtlose Zusammenarbeit von mehreren Mähdreschern auf großen Feldern.

Von den gezogenen zu den selbstfahrenden Mähdreschern

1923 kamen die Brüder Baldwin aus dem US-Bundesstaat Kansas auf die Idee, einen Ford-Traktor mit Mähdrescheraufbauten zu versehen. Dies war der erste erfolgreiche von einem Verbrennungsmotor angetriebene Mähdrescher und der Ursprung der in Nordamerika bekannten Marke Gleaner. Der erste selbstfahrende motorgetriebene Mähdrescher, der nicht auf einem Traktor aufbaute, hieß einfach „No. 20" und wurde 1938 von Massey-Harris auf den Markt gebracht. Zu dieser Zeit waren Mähdrescher auf den nordamerikanischen Feldern bereits ein gewohnter Anblick. In Europa wurden in den 1920er-Jahren mehrere aus Übersee importierte Mähdrescher getestet. Die amerikanischen Maschinen waren jedoch für kurzes, weniger dicht wachsendes Getreide konstruiert, während in Europa dichtes, langes Getreide angebaut wurde, da das Stroh zum Einstreuen verwendet wurde.

Der moderne Komfort fehlte den ersten selbstfahrenden Mähdreschern. Aber sie beschleunigten und erleichterten die Ernte in einem vorher nicht gekannten Ausmaß.

Der Claas Columbus wurde von 1958 bis 1970 gebaut. Der kleine selbstfahrende Mähdrescher war wahlweise mit einem Benzin- oder einem Dieselmotor erhältlich. Er leistete einen bedeutenden Beitrag zur Mechanisierung der Getreideernte.

Mitte der 1930er-Jahre kam das Unternehmen Claas mit einem gezogenen, an europäische Verhältnisse angepassten Mähdrescher auf den Markt, der das Getreide mähte, drosch und band und deshalb „Mäh-Dresch-Binder" genannt wurde. Claas blieb seitdem der bedeutendste europäische Mähdrescherhersteller. Der erste in Europa gebaute selbstfahrende Mähdrescher wurde von Claeys im belgischen Zedelgem unter der Bezeichnung „MZ" produziert.

In den 1950er- und 60er-Jahren verbreiteten sich die Mähdrescher auf den Getreidefeldern in Europa rasant. Die Mähdrescher dieser Zeit waren allerdings alles andere als komfortabel. Der Fahrer war der Sommerhitze ausgesetzt und musste im Lauf eines Arbeitstages eine beträchtliche Menge Staub schlucken.

Das änderte sich jedoch im Lauf der Zeit. Die Maschinen wurden mit Kabinen versehen, sie wurden größer, zuverlässiger – und teurer. In der Folge war nicht mehr jeder Landwirt bestrebt, seinen eigenen Mähdrescher zu besitzen.

Die Getreideernte wurde zunehmend den Lohnunternehmern überlassen, bei denen der Einsatz großer Maschinen rentabler war.

Die Dreschtechnik hatte sich in Details weiterentwickelt, bestand aber im Prinzip noch aus den gleichen Komponenten wie bei den Dreschmaschinen: Eine Walze drehte sich im Korb, um die Körner aus den Ähren zu lösen, und Schüttler waren für die Restkornausscheidung zuständig.

Gegen Ende der 1970er-Jahre wurde von mehreren Herstellern das Axial- oder Rotorverfahren eingeführt. Dabei befinden sich eine lange Trommel oder Rotoren parallel zur Fahrtrichtung im Mähdrescher. Das gemähte Getreide wird eingezogen und spiralförmig innerhalb des Dreschwerks nach hinten geleitet, wobei es zum Abscheiden der Körner kommt. Die Verwendung von Schüttlern erübrigt sich bei diesem Verfahren. Bis heute werden jedoch von den meisten Herstellern beide Techniken angeboten, da sowohl das herkömmliche als auch das Axial-Verfahren Vor- und Nachteile besitzen.

Zu den mit dem Axial-Verfahren arbeitenden Modellen gehört der Axial-Flow 7010 von Case IH. Der Rotor besitzt einen Durchmesser von 76,2 Zentimetern und dreht sich mit einer Geschwindigkeit von 220 bis 1.180 U/min.

Der Sampo 792 LP wurde von 1961 bis 1965 hergestellt. Er hatte den Beinamen „Ukko Sampo" (Großdrescher), obwohl seine Schnittbreite nur bei 2,20 Metern lag. Der Motor hatte eine Leistung von 39 PS. Als Zielgruppe galten die mittleren und größeren Betriebe.

Dieses Schnittbild eines John-Deere-Mähdreschers veranschaulicht die Funktionsweise der Maschine. Eine große Dreschtrommel und zwei der Länge nach eingebaute gegenläufige Zinkenrotoren sorgen für eine hohe Durchsatzleistung und einen geringen Kornverlust.

586 PS leistet der Motor des Großmähdreschers Lexion 600 von Claas. Im Korntank haben 12.000 Liter Erntegut Platz. Trotz seiner Größe erreicht die Maschine auf der Straße eine Höchstgeschwindigkeit von 30 km/h.

Der 330 PS starke CR 960 ist ein moderner Mähdrescher aus dem Hause New Holland. Im Korntank finden bis zu 10.570 Liter Platz. Der Tank wird mit einer Geschwindigkeit von 106 Litern pro Sekunde entladen.

Die Schnittbreite des Deutz-Fahr 5680 HTS liegt bei 5,40 bis 7,20 Metern. Für die Maisernte kann der Mähdrescher mit einem vier- bis achtreihigen Maispflückvorsatz ausgestattet werden. Der Deutz-Motor erbringt eine Leistung von 286 PS.

DEUTZ-FAHR

Das finnische Unternehmen Sampo-Rosenlew zählt zu den bedeutendsten Mähdrescherherstellern der Welt. Der SR 2065 gehört zur 2000er-Reihe. Die Komfort-Kabine ist serienmäßig mit einer Heizung und einer Klimaanlage ausgestattet.

Der CX 840 von New Holland wurde von 2001 bis 2006 gebaut. Als Antrieb diente ein Sechszylinder-Turbomotor von Ford, der eine Leistung von 299 PS erbrachte. Die Arbeitsbreite betrug bis zu 915 Zentimeter.

Challenger ist eine Marke der AGCO-Gruppe, die 2001 durch die Übernahme des Traktorenbereichs des US-Baumaschinenherstellers Caterpillar entstand. Die Marke steht für große, leistungsstarke Maschinen. Das Dreschen übernimmt beim Großmähdrescher 680B ein 3,55 Meter langer Rotor. Die nötige Kraft dafür liefert der Caterpillar-Motor, der eine Leistung von 459 PS erbringt.

Ballenpressen

Bei der Ernte ging es nicht nur darum, die Feldfrüchte, sondern auch das Heu und Stroh einzubringen. Vor allem beim Heu war es wichtig, dass es die richtige Trockenheit hatte und so gelagert wurde, dass es nicht zu schimmeln anfing. Denn letztlich war das Heu das Hauptfutter für das Vieh während der Wintermonate. Stroh wurde vor allem in Europa zum Einstreuen in den Ställen verwendet. Das Problem bestand in der Lagerung von Heu und Stroh. Die Scheunen waren schnell gefüllt. Stroh wurde deshalb auch oft in Feldscheunen oder im Freien in Form von Strohhaufen deponiert.
Auch der Transport von Heu und Stroh war vor der Mechanisierung der Landwirtschaft mit einem großen Aufwand verbunden. Das Erntegut musste mit der Gabel auf den Wagen geladen werden, wo eine oder mehrere Personen für das Anrichten zuständig waren. Bei der Scheune oder am Lagerungsplatz angekommen, musste alles wieder von Hand abgeladen und von Neuem angerichtet werden.

Hesston ist ein vor allem in Nordamerika bekanntes Unternehmen der Landtechnikbranche, das in dem kleinen Ort Hesston in Kansas beheimatet ist. Heute gehört das Werk zum AGCO-Konzern und produziert unter anderem Rundballenpressen sowie große und kleine Quaderballenpressen.

New Holland leistete mit seinen Hochdruckpressen ab 1940 einen bedeutenden Beitrag zur Mechanisierung der Landwirtschaft. Die Ballen mussten bei dieser Presse noch von zwei Personen aufgenommen und gestapelt werden.

Die ersten Modelle

In den 1850er-Jahren begann man in den Vereinigten Staaten, das Lagerungs- und Transportproblem mit einer Presse zu lösen. Es handelte sich um eine stationäre Presse, die auf die Wiese transportiert wurde, um das trockene Heu in Quaderballen zu pressen, damit es leichter auf dem Wagen und in der Scheune gestapelt werden konnte und weniger Platz wegnahm. Die nötige Kraft für die Verdichtung des Heus wurde über eine Kurbel aufgebracht. Später benutzte man dafür auch Göpel und Tretmühlen, die von Zugtieren angetrieben wurden. Als sich gegen Ende des 19. Jahrhunderts die Dampfmaschinen zunehmend verbreiteten, wurden sie auch für den Betrieb der Heupressen verwendet. Aber nach wie vor gab es kleine Pressen, wie sie zum Beispiel von der Firma Eckert aus Berlin-Lichtenberg hergestellt wurden, bei denen das Heu von oben eingefüllt wurde und der Pressdruck manuell über zwei Hebel erzeugt werden musste. Anfangs wurde meist Heu gepresst, aber gegen Ende des 19. Jahrhunderts begann man, auch Stroh zu Ballen zu pressen. Die erste in Deutschland hergestellte Strohpresse stammte von der Firma Laaß in Magdeburg.

In der variablen Presskammer der Rundballenpresse 592 von John Deere sorgen sechs Bänder für das Formen der Ballen. Bei der optionalen Ausstattung kann zwischen zwei Schneidwerken gewählt werden. Ein Ballen kann einen Durchmesser von 180 Zentimetern erreichen.

Die LB 433 von Case IH gehört zu den Großballenpressen. Die Ballen können eine Länge von bis zu 260 Zentimetern erreichen. Für den Betrieb der Presse ist ein Traktor mit einer Leistung von mindestens 122 PS nötig.

Die Presse von Welger schleudert die Ballen auf den angehängten Gitterwagen. Eine Person zum Anrichten der Ballen ist nicht mehr nötig.

1901 baute die Maschinenfabrik Gebrüder Welger in Wolfenbüttel die erste automatisch bindende Presse der Welt. Das Strohpressen wurde oft gemeinsam mit dem Dreschen durchgeführt. Wenn das Stroh aus der Dreschmaschine kam, wurde es gleich in die Strohpresse geschoben.

Zum Durchbruch der Ballenpresse kam es Ende der 1930er-Jahre mit der Einführung der Pick-ups. Nun konnte die Presse vom Traktor gezogen werden, das Heu oder Stroh aufnehmen und es gleich zu Ballen pressen. Die Ballen mussten anfangs noch mit der Gabel aufgespießt und auf einen Wagen gehoben werden, was wegen des Gewichts der Ballen einen nicht unerheblichen Kraftaufwand darstellte. Später hängte man einen Wagen an die Presse, und die Ballen wurden über eine Laderutsche auf den Anhänger geschoben.

Die Einführung der vom Traktor gezogenen und über die Zapfwelle angetriebenen Ballenpresse stellte eine erhebliche Arbeitserleichterung dar. Der Abtransport von Heu und Stroh konnte nun mit zwei Personen, dem Fahrer und dem Anrichter auf dem Wagen, durchgeführt werden. Mit der zunehmenden Rationalisierung in der Landwirtschaft fiel auch der Anrichter weg: Nun stattete man den Wagen mit Gittern an den Seiten aus, und die Ballen wurden direkt von der Maschine auf den Wagen geschleudert. Dass die Ballen kreuz und quer lagen, störte keinen mehr. Mit der wachsenden PS-Zahl konnte man die Fuhre schnell an ihren Bestimmungsort bringen und die nächste Ladung holen.

Die Ballen werden rund

Die Ballenpressen, die sich nach dem Zweiten Weltkrieg in Europa und Nordamerika durchsetzten, produzierten Quaderballen, die von einer Person gehoben werden konnten und leicht zu stapeln waren. Einen anderen Weg wollte der im US-Bundesstaat Nebraska lebende Hugh Luebben beschreiten, als er 1909 mit seinen Söhnen Melchior und Ummo begann, eine Rundballenmaschine herzustellen. Der Erfolg blieb jedoch aus. 1937 übernahm der große Landmaschinenhersteller Allis-Chalmers das Luebben-Patent und begann zehn Jahre später mit der Serienproduktion von „Roto-Baler" genannten Rundballenpressen, die aber nur Ballen mit einem Durchmesser von ungefähr 40 Zentimetern erzeugten. Bis zur Einstellung der Produktion 1960 wurden 74.500 Exemplare dieser Maschine verkauft.

Bei der Comprima F 125 XC handelt es sich um eine Festkammerpresse. Der Ballendurchmesser liegt bei 125 Zentimetern. Der standardmäßige Schneidrotor ist mit 17 Messern bestückt. Optional ist ein Schneidrotor mit 26 Messern erhältlich.

Die Combi Pack 1500 V stellt eine Press-Wickelkombination dar, bei der die Ballen nach dem Verlassen der Presskammer automatisch in eine PVC-Folie gewickelt werden. Die Silage-Ballen können leicht transportiert und gelagert werden.

Zum Zerkleinern des Ernteguts kann die Großballenpresse LBX431 von Case IH mit einem Schneidrotor ausgestattet werden. Vom Traktor wird in dieser Ausführung eine Leistung von mindestens 150 PS an der Zapfwelle verlangt.

Mit dem Muli haben die österreichischen Reform-Werke einen Transporter entwickelt, der sich nicht zuletzt für den Einsatz an Hanglagen eignet. Dieser Muli ist mit einer Presse von Bürger ausgestattet. Auch eine Ballenwickelmaschine hat auf der Aufbaufläche des Muli Platz.

Verschiedene Erfinder versuchten sich an einer Maschine, die Heu zu Rundballen formte. Aber erst 1972 brachte der Landmaschinenhersteller Gary Vermeer aus Iowa eine Maschine auf den Markt, mit der die moderne Rundballenpresse ihren Durchbruch feierte. Das Modell 706 der Vermeer Corporation erzeugte Ballen mit einer Breite von ungefähr 150 Zentimetern und einem Durchmesser von bis zu 180 Zentimetern.

Die großen Ballen haben den Vorteil, dass die Ernte mit ihnen noch schneller erfolgt. Dank der Frontlader an den Traktoren können sie leicht transportiert werden. Man kann sie im Freien stapeln, nur von einer Plastikplane geschützt, und wenn sie gebraucht werden, kann man sie leicht mit dem Traktor in den Stall transportieren. Und all dies kann von einer Person erledigt werden. Schon bald nach Vermeers Erfolg nahmen auch andere Landmaschinenhersteller Rundballenpressen in ihr Programm auf.

Das Pressen des Ernteguts erfolgt in der Presskammer durch Stahlrollen oder Bänder. Je nachdem ob der Ballendurchmesser einstellbar oder bei jedem Ballen gleich ist, unterscheidet man zwischen variablen Rundballenpressen und Festkammerpressen.

Die Rundballenpresse 2600 V von Fendt besitzt eine variable Pressekammer. Der Durchmesser der Ballen kann 60 bis 160 Zentimeter betragen. Die Maschine ist mit und ohne Schneidwerk erhältlich. Die empfohlene Traktorleistung liegt bei 100 PS.

Der Ballen wird automatisch mit Bindegarn oder einem Netz umwickelt. Wenn er fertig ist, kann die Rückwand der Presskammer vom Traktor aus geöffnet und der Ballen ausgestoßen werden. Manche Maschinen sind mit einer Schneideinrichtung ausgestattet. Das Zerkleinern des Ernteguts ermöglicht eine größere Dichte beim Pressen und ein leichteres Auflösen beim Verfüttern oder Einstreuen.

Neben Heu und Streu wird in letzter Zeit auch angewelktes Gras zu Rundballen gepresst. Diese Ballen werden anschließend durch ein angebautes oder separates Wickelgerät in eine PVC-Folie gewickelt. Durch das luftdichte Abschließen kommt es zur Gärung, und das Gras kann wie eine Silage als Futter dienen. Gegenüber der herkömmlichen Silage liegt auch hier der Vorteil in der einfachen Lagerung und Transportierbarkeit.

Die Großballenpressen

Die Rundballenpressen blieben nicht ohne Konkurrenz. 1978 brachte der US-amerikanische Landmaschinenhersteller Hesston neuartige Großballenpressen auf den Markt. Die Quaderballen, die von diesen Maschinen erzeugt werden, können bis zu einer Tonne wiegen. Die Großballenpressen, die mittlerweile von mehreren Unternehmen hergestellt werden, werden vor allem in der großflächigen Landwirtschaft eingesetzt.

Neben den Rundballen- und den Großballenpressen haben die kleinen Quaderballenpressen weiterhin einen festen Platz auf dem Landmaschinenmarkt.

Die Ballenpresse 688 befand sich ab 1999 im Produktprogramm von New Holland. Acht Bänder sorgten für das Formen und Pressen der Ballen, die ein Gewicht von annähernd einer Tonne erreichen konnten. Das Eigengewicht der Maschine lag bei ungefähr 2,5 Tonnen.

Zu den kleinen Ballenpressen von Case IH gehört die SBX 540. Die Ballen können 31 bis 130 Zentimeter lang sein. Der Traktor sollte 62 PS leisten können.

Die in Wolfenbüttel ansässige Firma Welger baute bereits 1950 die erste Hochdruckpresse. Diese AP 630 ist mit einer Ballenschleuder ausgestattet, sodass das Anrichten auf dem Wagen entfällt. Ein Ballen kann 50 bis 120 Zentimeter lang sein.

Zu den variablen Rundballenpressen zählt die RP 435 Master von Welger. Die Ballen können einen Durchmesser von 90 bis 160 Zentimetern erreichen. Auf Wunsch kann die Maschine mit einem Schneidwerk mit 13, 17 oder 25 Messern ausgestattet werden.

Zum Produktprogramm von Welger gehören auch Großballenpressen. Die D 4060 erzeugt Ballen mit einer Länge von bis zu 250 Zentimetern. Das Schneidwerk ist mit 25 Messern ausgestattet. Die Überwachung und Steuerung der Maschine erfolgt von der Traktorkabine aus über das Steuerelement „E-Link".

Mit den modernen Maschinen lässt sich die Ernte mit einer Geschwindigkeit erledigen, von der man früher nicht zu träumen wagte. Die Großballenpresse Quadrant 3400 von Claas erzeugt Ballen mit einer Höhe von einem Meter und einer Länge von bis zu drei Metern.

Das Feld ist abgeerntet und das Stroh wird für den Abtransport gepresst. Zwar wird auch heute noch zur Erntezeit oft bis spät in die Nacht gearbeitet: Aber dank der modernen Technik ist es einer einzelnen Person möglich, eine Arbeit zu verrichten, für die sich früher viele Menschen zusammen lange Zeit abmühen mussten.

Feldhäcksler

Der Feldhäcksler gehört zu den jüngeren Erntemaschinen. Seine Aufgabe ist es, das Erntegut zu zerkleinern, um es für die Verfütterung oder Silage aufzubereiten. Es gibt ihn als angebaute, gezogene oder selbstfahrende Maschine.

Die Vorläufer der Feldhäcksler waren die stationären Häcksler, die bereits Anfang des 19. Jahrhunderts auf den Bauernhöfen eingeführt wurden, um das Futter zu zerkleinern. Wenn im Winter Heu und Rüben zu Ende gingen, wurde Stroh gehäckselt, um damit das nahrhaftere Futter zu strecken. Außerdem wurde Stroh gehäckselt, um seine Verwendung beim Einstreuen und als Stallmist zu erleichtern.

Mit dem Aufkommen der Silage im 20. Jahrhundert gewann der Häcksler weiter an Bedeutung. Man ging zunehmend dazu über, gemähtes Gras nur anwelken zu lassen, zu häckseln und es anschließend in einem Silo luftdicht abzudecken. Durch die Gärung in der Silage entsteht ein hochwertiges Futtermittel, das lange haltbar ist und portionsweise verfüttert werden kann. Vor allem durch den wachsenden Maisanbau nahmen die Silage und damit die Anzahl der eingesetzten Häcksler zu.

Die Suche nach Wegen, das Erntegut gleich auf dem Feld zu zerkleinern, anstatt es abzutransportieren und von einer stationären Maschine häckseln zu lassen, war naheliegend.

Der FR 9090 von New Holland gehört zu den Feldhäckslern der Oberklasse. Der Achtzylindermotor von Iveco besitzt einen Hubraum von 20,1 Litern und erbringt eine Maximalleistung von 824 PS. Die Häckseltrommel führt 18.100 Schnitte pro Minute durch.

Der selbstfahrende Feldhäcksler 1915 von New Holland wurde von 1989 bis 1995 hergestellt. Das Unternehmen, das seinen Ursprung in der kleinen Stadt New Holland im US-Bundesstaat Pennsylvania hat, gehört zu den Pionieren im Bereich der Selbstfahrer.

Das erste Patent auf einen gezogenen Häcksler wurde bereits 1891 in der kanadischen Provinz Quebec vergeben. Allerdings kam es nie zu einer kommerziellen Umsetzung der Erfindung. Der erste erfolgreiche gezogene Feldhäcksler wurde von Erwin W. Saiberlich, dem Chefingenieur der Fox River Tractor Company im US-Bundesstaat Wisconsin, entwickelt und ab 1932 von dem Unternehmen verkauft.

Dieser Feldhäcksler entwickelte sich deshalb zu einem großen Erfolg, weil er mit einer Pick-up ausgestattet war und mittlerweile Traktoren zum Ziehen und Antreiben der Maschine zur Verfügung standen.

In Deutschland testete Friedrich Segler 1941 erfolgreich einen Feldhäcksler auf den Gütern des Grafen von Medem in Pommern. Der Zweite Weltkrieg verhinderte jedoch eine Serienproduktion der Maschine.

Dieser gezogene Feldhäcksler stammt aus Kansas. Das Häckseln übernimmt beim Hesston 7500 eine Walze mit zwölf Messern. Zur Ausstattung gehört auch ein Corn Cracker, der die einzelnen Maiskörner anschlägt, um sie für die Silage tauglich zu machen.

Als Antrieb für den John Deere 7500 dient ein Sechszylindermotor mit einer Nennleistung von 513 PS. Für die Maisernte steht ein Vorsatz für zehn Reihen mit einer Arbeitsbreite von 7,5 Metern zur Verfügung. Das Steuern kann einem optionalen Lenkautomaten überlassen werden.

Feldhäcksler nach dem Zweiten Weltkrieg

Erst nach dem Zweiten Weltkrieg stieg die Anzahl der gezogenen und am Traktor angebauten Feldhäcksler schnell. Meist wurde beim Einsatz hinter dem Häcksler ein Wagen angehängt, sodass das klein geschnittene Erntegut direkt auf den Anhänger geblasen werden konnte. Auf dem Hof angekommen, wurden das Heu, das Stroh oder der Mais von einem Gebläse auf den Heuboden, in die Scheune oder den Silo geblasen. Die so gesparte Arbeit war beträchtlich und die Ein-Mann-Ernte keine utopische Vorstellung mehr. Ein Problem stellte allerdings die oft zu schwache Motorleistung beim Traktor dar, weswegen manche Häcksler mit einem Aufbaumotor ausgestattet waren. Im Lauf der Zeit wuchsen jedoch die Größe und die Motorleistung der Traktoren, sodass der Einsatz der PS-hungrigen Maschinen immer unkomplizierter wurde.

Vor allem die Ausbreitung des Maisanbaus führte zu einer Nachfrage nach immer leistungsfähigeren Feldhäckslern. Angebaute oder gezogene Maschinen reichten für den obersten Leistungsbereich nicht mehr aus. Der Ruf nach leistungsstarken, schnellen und gelenkigen selbstfahrenden Feldhäckslern wurde laut. Die Firma Ködel & Böhm aus Lauingen nahm bei der Entwicklung einer solchen Maschine, des Köla Rex, eine Vorreiterrolle ein. Aber auch Lohnunternehmer und Landmaschinenhändler begaben sich an den Bau von Selbstfahrern.

Das von Claas entwickelte Field-Shuttle-System stellt eine Kombination von Feldhäcksler und Ladebunker dar. Der Vorteil besteht darin, dass auf einen separaten, neben dem Häcksler fahrenden Transporter verzichtet werden kann.

Sie verwendeten dafür Mähdrescher, an denen sie die Bauteile der Häcksler montierten. Die Firma Claas, die bereits auf dem Häcksler-Markt sehr engagiert war, startete 1973 mit dem Jaguar 60 SF die Serienproduktion eines Selbstfahrers. Die Feldhäcksler entwickelten sich rasant. Mit der Übernahme der Maisernte durch Lohnunternehmer stiegen die Anforderungen an den Leistungsbedarf dieser Maschinen erneut. Die selbstfahrenden Feldhäcksler sind heute stärker motorisiert als Traktoren und Mähdrescher. Der Jaguar 980 von Claas ist mit einem 830 PS starken Motor ausgerüstet, und der Big X 1000 von Krone kommt sogar auf eine Nennleistung von 987 PS.

Der John Deere 7300 kann mit einer Häckselwalze mit 40, 48 oder 56 Messern ausgerüstet werden. Die Schnittlänge lässt sich von der Kabine aus stufenlos regeln. Die kleinste Länge liegt bei 4,7 Millimetern.

Häckselsysteme

Die Feldhäcksler lassen sich anhand des Häckselelements in drei Kategorien einteilen. Bei den Scheibenradhäckslern zerkleinert eine mit Messern bestückte Scheibe das Erntegut, das anschließend von Wurfschaufeln weiterbefördert wird. Die Länge des Schnittgutes ist abhängig von der Drehzahl der Scheibe und der Anzahl der Messer. Trommelfeldhäcksler sind mit einer messerbestückten Trommel ausgestattet. Sie sind nicht nur für das Schneiden, sondern auch für das Weiterbefördern des Ernteguts zuständig. Ein Nachbeschleuniger übernimmt von der Häckseltrommel das Erntegut und sorgt für die notwendige Auswurfgeschwindigkeit. Auch bei diesem Häckselsystem hängt die Schnittlänge von der Messeranzahl und der Drehgeschwindigkeit ab. Sie kann zwischen 4 und 20 Millimetern liegen.

Mit diesem gezogenen Häcksler von Case IH lässt sich die Heuernte schnell durchführen. Für den FHX 300 stehen zwei Pick-up-Vorsätze mit einer Breite von 2,25 bzw. 2,5 Metern zur Verfügung. Für die Maisernte gibt es ein drei Reihen breites Gebiss.

Bei dem ES-4200 von JF-Stoll handelt es sich um eine Kombination aus Ladewagen und Häcksler. Das Erntegut wird direkt in den Wagen geworfen, sodass es auch bei Wind zu keinen Verlusten kommt. Der Auswurfkrümmer kann geschwenkt werden, um seitlich fahrende Wagen zu beladen.

Mit einem reihenunabhängigen Maisgebiss ist dieser CHX 620 von Case IH ausgestattet. Ein Metalldetektorsystem schützt die Messer und verhindert, dass Fremdobjekte in das Futter geraten. Die Motorleistung der Maschine liegt bei 533 PS.

Zur Art der Schlegelfeldhäcksler zählt der JF-Stoll FH 1450, dessen Haupteinsatzgebiet bei der Ernte von Gras und Rüben liegt. 18 Schlegel sorgen für das Zerkleinern des Ernteguts. Vom Traktor wird eine Leistung von mindestens 61 PS verlangt.

Sowohl bei den Scheibenrad- als auch bei den Trommelhäckslern werden die Messer meist automatisch über eine eingebaute Messerschleifeinrichtung nachgeschliffen. Da die Messer leicht durch Steine, Metall- und andere Gegenstände beschädigt werden können, besitzen die Häcksler normalerweise eine Fremdkörpersicherung. Falls ein solcher Körper geortet wird, stoppt die Sicherung automatisch das Schneidwerk.

Eine dritte Methode der Zerkleinerung des Ernteguts verwenden die Schlegelfeldhäcksler. Diese Maschinen besitzen ein Welle, an der Schlegel angebracht sind. Bei der Arbeit dreht sich die Welle gegenläufig zur Fahrtrichtung. Dabei wird das aufgenommene Erntegut angeschlagen und zerrissen. Der Vorteil der Schlegelfeldhäcksler liegt in der einfacheren Bauweise und der damit verbundenen geringeren Anfälligkeit sowie dem niedrigeren Preis.

Die selbstfahrenden Feldhäcksler sind die am stärksten motorisierten Landmaschinen. Die zwei synchronisierten Motoren des Big X 1000 von Krone erzielen eine Maximalleistung von 1.020 PS. Der Maisvorsatz kann eine Breite von 10,5 Metern erreichen.

Nachwachsende Rohstoffe gewinnen zunehmend an Bedeutung. Dieser Claas Jaguar 850 ist mit einem Holzhackvorsatz für das Ernten schnell wachsender Baumarten, wie Weiden, ausgerüstet. Nach dem Abschneiden können die Bäume wieder aus dem Stock schlagen.

Vorsätze

Für die verschiedenen Arten von Erntegut stehen für die Feldhäcksler unterschiedliche Vorsätze zur Verfügung.

Für das Ernten von Silomais dient normalerweise das Maisgebiss, das so gestaltet ist, dass eine bestimmte Anzahl von Maisreihen abgeschnitten werden kann. Es gibt allerdings mittlerweile auch reihenunabhängige Maisgebisse. Falls nur die Maiskolben geerntet werden sollen, wird ein Maispflückvorsatz verwendet. Dies ist zum Beispiel der Fall, wenn Lieschkolbenschrot erzeugt werden soll.

Für die Grünfutterernte wird ein Mähvorsatz verwendet. Bei der Ganzpflanzensilage ist ein Getreideschneidwerk ein geeigneter Vorsatz. Falls angewelktes Gras zum Silieren gedacht ist, kann das Schnittgut mit einem Pick-up-Vorsatz aufgenommen werden.

In letzter Zeit gewinnt Holz als nachwachsender Rohstoff wieder an Bedeutung. Dabei werden für die Ernte schnell wachsender Baumarten Häcksler eingesetzt, die mit einem speziellen Holzhackvorsatz ausgerüstet sind. Das Holz wird zu Hackschnitzeln verarbeitet und für die Wohnraumheizung und Energiegewinnung genutzt.

Für den Big X500 von Krone sind Häckseltrommeln mit 20 und 28 Messern verfügbar. Mit der 28-Messer-Version kann die Schnittlänge im Bereich von 3,5 bis 15 Millimetern eingestellt werden. Pro Minute werden 15.400 Schnitte durchgeführt.

CLAAS
JAGUAR
CLAAS

Traktoren

Schnelligkeit und Leistungsstärke gehören zum Konzept der Fastracs, mit denen das britische Unternehmen JCB in den 1990er-Jahren Marktanteile eroberte. Drei Anbauräume ermöglichen den Einsatz mehrerer Maschinen.

Das Schalten entfällt beim Agrotron TTV 1145. Das TTV-Getriebe von Deutz-Fahr ermöglicht eine stufenlose Regelung der Geschwindigkeit mit dem Gaspedal und der Bremse.

Der John Deere 6820 gehört zu der sehr erfolgreichen 6020er-Baureihe, die von 2004 bis 2007 in Mannheim produziert wurde.

Traktoren

Lange Zeit mussten Tiere wie Pferde, Maultiere, Esel und Ochsen Wagen und Maschinen ziehen. Arme Kleinbauern mussten sogar auf Kühe oder Hunde als Kraftquelle zurückgreifen. Arbeitstiere jedoch ermüden und benötigen Futter und Wasser, um ihre Kraft zu erhalten – auch im Winter, wenn sie nicht arbeiten. Ein maschineller Ersatz konnte deshalb die Produktivität erheblich steigern.

Lokomobilen und Stationärmotoren

Die Dampfmaschine gehörte ab Mitte des 19. Jahrhunderts zu den ersten maschinellen Kraftquellen, die man in der Landwirtschaft zum Antrieb von Maschinen verwendete. Manche von ihnen setzte man auf Fahrgestelle und zog sie mit Pferden an ihren Einsatzort. Diese sogenannten Lokomobilen trieben zum Beispiel auf dem Hof oder auf dem Feld über einen Riemen Dresch- oder Häckselmaschinen an.
Langsam ging man dazu über, die Lokomobilen selbst fahrfähig zu machen. Diese Dampftraktoren fuhren jedoch meist nur zu ihrem Einsatzort und trieben stehend Maschinen an. In den USA wurden sie allerdings auch als richtige Zugmaschinen für Feld- und Erntearbeiten eingesetzt.

Dampfmaschinen zum Antrieb von Dreschmaschinen einsetzen zu können stellte einen großen Fortschritt dar. Gedroschen wurde manchmal schon auf dem Feld direkt nach der Getreideernte.

Im Europa wurden Dampfmaschinen meist stationär zum Antrieb von Maschinen eingesetzt. In Amerika wurden sie dagegen auch als Zugmaschinen verwendet, da der Prärieboden die schweren Maschinen besser tragen konnte.

Zu den bedeutendsten Herstellern von Lokomobilen gehörte die Firma Lanz. Eine dieser Maschinen des Mannheimer Unternehmens wies eine Dauerleistung von 1.000 PS auf. Die Lokomobilen waren jedoch sehr groß und schwer sowie für die meisten Landwirte viel zu teuer. Nur große Güter konnten sich solche Maschinen leisten: Die meisten Bauern mussten weiterhin ihre Tiere vor die Wagen und Geräte spannen.
Die Lokomobilen waren gleichsam die Dinosaurier der Landmaschinentechnik. Kleinere und bedeutend leichtere Vorläufer der Traktoren stellten die stationären Verbrennungsmotoren dar. 1876 hatte Nikolaus Otto den Viertaktgasmotor erfunden. Als Kraftstoff dienten Leuchtgas, Kerosin und Benzin. Die Ottomotoren wurden wie die Dampfmaschinen anfangs ausschließlich als Stationärmotoren eingesetzt, um Maschinen anzutreiben. Die Otto Gas Engine Works AG in Philadelphia stellte jedoch schon 1894 Pflug-Lokomobilen her, die mit Verbrennungsmotoren angetrieben wurden. 1897 wurde das Angebot an Motoren mit der Inbetriebnahme des ersten Dieselmotors erweitert.

Der 30-60 war eines der Modelle, mit denen Case 1912 wieder in die Traktorproduktion einstieg. Ein Zweizylindermotor diente als Antrieb. Wie die meisten frühen Traktoren war der Schlepper allerdings schwer und ungelenkig.

Der nächste Schritt in der Entwicklung zum Traktor bestand darin, diese Motoren auf Fahrgestelle zu montieren, für die sie zugleich als Antrieb dienten. Als Vorbild dafür fungierten die Dampfzugmaschinen. In Iowa bauten John Froelich und der Schmied Will Mann 1892 ein solches Gefährt, das als Froelich-Traktor bekannt wurde. Schon etwas ausgefeilter war der Patterson-Traktor, der 1892 von dem Landmaschinenhersteller Case in Wisconsin konstruiert wurde. Aber keiner dieser beiden Traktoren erwies sich als Erfolg. Es war noch eine Zeit des Experimentierens nötig, bis die ersten landwirtschaftlich verwendbaren Schlepper in Serienproduktion gehen konnten.

Die ersten Traktoren

Im frühen 20. Jahrhundert begannen mehrere bedeutende Unternehmen der Landtechnikbranche mit der Produktion von Traktoren. So kam die International Harvester Company 1908 mit den ersten IHC-Traktoren vom Typ Mogul und Titan auf den Markt. 1911 präsentierte die von John Froelich gegründete Waterloo Gasoline Traction Engine Company den Waterloo Boy, einen mit einem Vierzylindermotor ausgestatteten Traktor. Case schloss sich 1912 mit zwei Modellen dem Trend an, und kurz darauf folgten die Wallis-Traktoren, die später von Massey-Harris übernommen wurden.

Das Case-Modell C (links) kam 1929 und das Modell VC (rechts) 1940 auf den Markt. Es handelte sich um leichte und flexible Allzwecktraktoren. Der VC besaß vorn ein Doppelrad, was die Arbeit auf Feldern mit Reihenfrüchten erleichterte.

1918 stieg auch der große Landmaschinenhersteller Deere & Company aus Illinois durch die Übernahme der Waterloo Gasoline Engine Company in das Traktorengeschäft ein.

Die Traktorproduktion vieler Unternehmen expandierte in dieser Gründerphase schnell. Aber 1917 wurde das Selbstvertrauen der Hersteller von einem Mann, der bereits den Automobilbau revolutioniert hatte, nachhaltig erschüttert: Henry Ford hatte sich zum Ziel gesetzt, einen Traktor zu bauen, den sich auch kleinere Farmer leisten konnten. Ermöglicht werden sollte dies durch eine rationelle Produktion sowie durch die neuartige Blockbauweise, bei der das Getriebe und der damit verflanschte Motor das tragende Element bilden. Fords Traktoren, die unter dem Namen Fordson erschienen, unterschieden sich schon äußerlich von den in Rahmenbauweise hergestellten Schleppern der Konkurrenz. Sie waren außerdem leichter, gelenkiger und vor allem billiger. Anfangs verkaufte Ford seine Traktoren für 750 US-Dollar, womit er seine Konkurrenten bei Weitem unterbot. Als die anderen Hersteller ihre Preise senkten, um ihre Produkte noch verkaufen zu können, unterbot Ford sie abermals deutlich, indem er seine Traktoren für 395 US-Dollar verkaufte. Die Marktanteile der meisten Produzenten brachen ein und Ford wurde zum wichtigsten Traktorhersteller in den USA.

300 PS beträgt die Maximalleistung des Knicklenkers STX275 von Case IH. Dieser Großtraktor wurde von 2000 bis 2005 in dem ehemaligen Steiger-Werk in Fargo im US-Bundesstaat North Dakota hergestellt.

Aber Fords Konkurrenten lernten aus dieser Schlappe. Sie passten ihre Schlepper mehr den Bedürfnissen der Farmer an und rationalisierten ihre Produktion. Die Traktoren wurden kleiner, zuverlässiger und billiger. Bezeichnungen wie „Farmall" und „General Purpose" zeigen an, was die meisten Kunden wollten: leichte Allzwecktraktoren. Von diesem Konkurrenzkampf profitierte die nordamerikanische Landwirtschaft, die nun endlich die Zugkraft der Tiere durch maschinelle Antriebskraft ersetzen konnte.

Der 100 PS leistende Ford 7840 wurde von 1992 bis 1998 hergestellt. Bereits 1991 hatte Fiat die Mehrheit an der Landtechniksparte von Ford übernommen. Der Markenname Ford durfte bei den Traktoren jedoch noch einige Zeit weiter verwendet werden.

John Deere ist heute der weltweit größte Traktorhersteller. 1956 übernahm das Unternehmen aus Moline in Illinois den deutschen Landmaschinengiganten Lanz. Aus der Produktion des ehemaligen Lanz-Werkes in Mannheim stammt dieser 115 PS starke John Deere 6520 (oben).
Der Großtraktor 8530 (links) wird seit 2005 in dem John-Deere-Werk in Waterloo, Iowa, hergestellt.

Ab 1966 produzierte der schwedische Hersteller Volvo BM den T 800. Der Schlepper besaß einen Sechszylindermotor mit einer maximalen Leistung von 94 PS. 1971 wurde die Motorleistung auf 106 PS erhöht und drei Jahre später ein noch stärkerer Motor eingebaut.

Der Glühkopfmotor

Während sich in Nordamerika die Traktoren mit rasanter Geschwindigkeit verbreiteten, hinkte in Europa die Mechanisierung der Landwirtschaft hinterher. Maßgeblich verantwortlich dafür war natürlich der Erste Weltkrieg, der von 1914 bis 1918 wütete und die Ressourcen vieler Länder aufbrauchte. Zudem war die europäische Landwirtschaft, von wenigen Gebieten abgesehen, vor allem von kleinen und mittelgroßen bäuerlichen Betrieben geprägt. Für einen Kleinbauern, der sich gerade ein Pferd leisten konnte, war ein Traktor unerschwinglich.

Als die Motorisierung der Landwirtschaft in Europa einsetzte, ging sie zunächst andere Wege als jenseits des Atlantiks. 1921 stellte die Firma Lanz einen Traktor vor, der wegen seines Aussehens als „Bulldog" bezeichnet wurde. Von anderen Schleppern unterschied ihn vor allem der Glühkopfmotor, der als Kraftstoff Rohöl, Braunkohlenteeröl, Paraffinöl, Petroleum und andere billige Stoffe verbrennen konnte. Diese Kraftstofftoleranz war neben der Robustheit des Motors ein entscheidender Vorteil. Lanz entwickelte sich in der Folgezeit zum größten Traktorhersteller in Deutschland. Die Bulldogs waren nicht nur für die Landwirtschaft bestimmt, sondern wurden auch mit Gummibereifung als Verkehrs- und Eil-Bulldogs im Transportgewerbe eingesetzt. Die Acker-Bulldogs waren in der Regel mit Eisenreifen versehen.

In der Landwirtschaft konnten sich nur große Betriebe und Güter solche Bulldogs leisten. Erst kurz vor dem Zweiten Weltkrieg ging man bei Lanz dazu über, kleinere und preislich günstigere sogenannte „Bauern-Bulldogs" herzustellen. Aber der Kriegsausbruch 1939 verhinderte eine größere Verbreitung dieser Arbeitsmaschinen.

Lanz war der größte und bekannteste Hersteller von Glühkopfmotoren, jedoch nicht der einzige. Südlich der Alpen, in der Emilia-Romagna, baute der Schmied Giovanni Landini bereits 1910 seinen ersten stationären Glühkopfmotor. 1925 begannen seine Söhne mit der Produktion von Traktoren mit Glühkopfantrieb. Landini entwickelte sich daraufhin hinter Lanz zu einem der bedeutendsten Hersteller von Glühkopftraktoren.

Der Lanz D 3506 war ein Ackerluft-Bulldog. Er wurde ab 1938 hergestellt und besaß bereits eine Luftbereifung. Der 20 PS starke Traktor wurde als „Bauern-Bulldog" bezeichnet, war aber zu dieser Zeit für die meisten kleinen Bauern noch unerschwinglich.

Lanz rüstete seine Modelle bis in die 1950er-Jahre ausnahmslos mit einzylindrigen Glühkopfmotoren aus. Dieser 20 PS an der Riemenscheibe leistende HN 1, der in verschiedenen Varianten angeboten wurde, befand sich von 1931 bis 1933 im Produktionsprogramm.

Der von dem Kölner Unternehmen Klöckner-Humboldt-Deutz (KHD) hergestellte Deutz D 40 kam 1957 auf den Markt. Mit seinen 35 PS Leistung zählte er zu dieser Zeit schon zu den größeren Traktoren. Der Motor war luftgekühlt und besaß drei Zylinder.

Der Allgaier AP 17 war ein typischer Bauernschlepper der 1950er-Jahre. Mit seinen 18 PS Motorleistung besaß er genügend Kraft, um als Allzwecktraktor für kleine Höfe zu dienen. Der Zweizylindermotor wurde von einem Luftgebläse gekühlt.

Der Dieselmotor und die Bauernschlepper

In Frankreich stieg Renault kurz nach dem Ende des Ersten Weltkriegs in die Traktorproduktion ein. In Italien baute Fiat 1919 seinen ersten Traktor. Hanomag begann im gleichen Jahr mit der Herstellung von Kettenschleppern und ab 1924 mit der von Ackerschleppern. Als Antrieb wurden anfangs manchmal Benzol- und andere Motoren verwendet, aber schließlich setzte sich der Dieselmotor durch. Deutz benutzte von Anfang an die Dieselmotoren aus eigener Produktion, als 1927 die ersten Schlepper aus dem Kölner Werk rollten.

Die Ausbreitung der Traktoren wurde in Europa erneut durch einen Weltkrieg gestoppt. In den 1950er-Jahren setzte der Traktorboom anschließend umso stärker ein. Diesmal konnten sich nicht nur die großen Betriebe einen Schlepper leisten, auch die kleinen Bauern ersetzten ihre Zugtiere durch Maschinenkraft: Es war die Zeit der Bauernschlepper. Wegen der großen Nachfrage stiegen zahlreiche kleine Anbieter in den Traktorenmarkt ein. Die eigene Entwicklungsleistung war bei diesen oft gering. Manche bezogen die Einzelteile für ihre Traktoren von verschiedenen Herstellern und montierten daraus ihre Produkte. Als Anfang der 1960er-Jahre der Traktorboom endete, verschwanden damit auch viele der kleinen Hersteller, deren Namen heute nur noch unter Experten und Oldtimer-Liebhabern bekannt sind.

Schon 1957 zeigten Landwirte beim Leistungspflügen ihre Fertigkeiten bei der Bodenbearbeitung mit dem Traktor. Bei dieser Veranstaltung konnte man auch die Modelle verschiedener Hersteller wie Bautz, Hanomag, Allgaier, MAN und Ferguson bewundern.

Nach dem Zweiten Weltkrieg verbreiteten sich in Deutschland die luftgekühlten Motoren. Der Deutz F4L 514 war mit einem solchen Vierzylindermotor ausgestattet. Die Leistung lag bei 60 PS: Damit gehörte das Modell zur Oberklasse seiner Zeit.

Fahr war ein in Gottmadingen nahe dem Bodensee ansässiger Landmaschinenhersteller. Der erste Fahr-Schlepper kam 1938 auf den Markt. Der D 135, den dieses Bild zeigt, wurde ab 1958 gebaut. 1968 übernahm Klöckner-Humboldt-Deutz die Aktienmehrheit des Unternehmens. Später wurden die KHD-Schlepper unter dem Markennamen Deutz-Fahr verkauft.

Die Hannoversche Maschinenbau AG, kurz Hanomag, gehörte lange Zeit zu den wichtigsten deutschen Traktorproduzenten. Der R 16 wurde von 1951 bis 1957 hergestellt und gehört mit seinen 16 PS zu den typischen Bauernschleppern dieser Zeit.

Dieselross nannte das Unternehmen Fendt seine Traktoren, die ab 1930 in der Allgäuer Kleinstadt Marktoberdorf hergestellt wurden. Die Fendt-Schlepper zählen heute zu den innovativsten der Landtechnikbranche.

Der bayerische Traktorhersteller Eicher aus Forstern bei München wurde für seine Raubtierreihe bekannt. Der Königstiger I, der die technische Bezeichnung 3007 trug, wurde ab 1968 hergestellt. Der luftgekühlte, 45 PS starke Motor stammte aus eigener Produktion.

Die in Gutmadingen an der Donau ansässige Firma Kramer stellte bereits seit Anfang der 1930er-Jahre Traktoren mit Dieselmotoren her. Ab 1956 wurde der mit einem wassergekühlten Güldner-Motor ausgestattete KB 180 gebaut. Die Motorleistung lag bei 18 PS.

Die Geräteträger

Die 1950er-Jahre waren nicht nur vom Traktorboom geprägt: In dieser Zeit machte sich in der Landwirtschaft auch ein zunehmender Arbeitskräftemangel bemerkbar. Denn aufgrund des starken Wirtschaftswachstums in den meisten westeuropäischen Ländern nach dem Zweiten Weltkrieg nahmen viele Menschen lieber gut bezahlte Arbeitsplätze in der Industrie an, als die knochenharte Arbeit in der Landwirtschaft zu erledigen. Die Bauernfamilien waren auf sich allein gestellt.

Die Landmaschinenunternehmen reagierten auf diese Situation, indem sie Traktoren entwickelten, die den gleichzeitigen Einsatz mehrerer Maschinen ermöglichten. Manche Hersteller konstruierten sogenannte Trägertraktoren, bei denen sich ein Anbauraum für Maschinen zwischen den Achsen befand.

Bei den Fendt-Geräteträgern befand sich der Motor unterhalb der Kabine. Mit diesen liegenden Unterflurmotoren wurde das Platzproblem gelöst und eine freie Sicht nach vorn geschaffen. Der F 275 GT wurde von 1976 bis 1984 hergestellt.

Ein neues Konzept stellte Lanz 1951 mit dem Alldog vor. Dieser Traktor besaß drei Anbauräume und bot anstelle der Motorhaube Platz für eine Ladepritsche. Auch andere Hersteller versuchten sich mit ähnlichen Konstruktionen. Aber diese Geräteträger hatten einen großen Nachteil, nämlich die Untermotorisierung. Nur der Firma Fendt, die 1957 mit der Serienfertigung von Geräteträgern begann, gelang es, dieses Manko zu beseitigen. Das Allgäuer Unternehmen war mit dieser Traktorart so erfolgreich, dass viele den Begriff Geräteträger automatisch mit Fendt verbinden.

Mittlerweile können Standardtraktoren ebenfalls über zwei Anbauräume verfügen und sind stark genug, um mit ganzen Maschinenkombinationen zu arbeiten. So endete die Ära der Geräteträger nach einem Absatzrückgang seit den 1970er-Jahren endgültig 2004, als Fendt die Produktion des 370 GT einstellte.

1958 startete Fendt mit dem Favorit 1 eine neue Baureihe. Mit seiner Nennleistung von 40 PS gehörte das Modell zu dieser Zeit zur Traktorenoberklasse. Die Höchstgeschwindigkeit lag bei 20 km/h. Der Dreizylinder-Dieselmotor stammte von dem Mannheimer Unternehmen MWM.

Massey Ferguson war einst der weltweit größte Traktorhersteller. Heute gehören die roten Massey-Ferguson-Schlepper zu AGCO. Der MF 265 (vorn) wurde von 1977 bis 1985 hergestellt. Der MF 240 (hinten) befand sich von 1980 bis 1985 im Bau.

In dem Tiroler Ort Kundl hat der Traktorhersteller Lindner seinen Sitz. Aus den Werkshallen in Kundl kommt der Geotrac 103, der einen Perkins-Motor unter der Haube hat und eine Leistung von 99 PS erreicht. Auf der Straße ist der Traktor bis zu 40 km/h schnell.

Schlüter stellte in dem nördlich von München gelegenen Freising seit 1937 Schlepper her. Berühmt wurde das Unternehmen vor allem durch seine Großtraktoren. Der 1978 vom Stapel gelaufene Super 2000 TVL besaß eine Motorleistung von 185 PS.

Steyr ist die bekannteste Traktormarke in Österreich. Die Produktion fand anfangs in Steyr und später in Sankt Valentin statt. Der Steyr 288 wurde von 1962 bis 1966 hergestellt. Sein wassergekühlter Motor leistete 45 PS bei 2.400 U/min.

1956 übernahm die Porsche-Diesel Motorenbau GmbH von Allgaier die Traktorenproduktion in Friedrichshafen. Der Porsche-Diesel Standard wurde ab 1960 hergestellt. Was ihn auszeichnete, war der Zwischenachsanbauraum, der die Arbeit mit mehreren Geräten ermöglichte.

Die Evolution der Standardtraktoren

Während die Hersteller versuchten, mit Traktorarten wie den Geräteträgern speziellen Kundenbedürfnissen entgegenzukommen, wurden auch die Standardtraktoren weiterentwickelt. Ab den 1970er-Jahren ging die Zahl der verkauften Schlepper in Europa kontinuierlich zurück. Zugleich wuchsen aber die Größe und die Leistungsstärke der Traktoren: Denn die Rationalisierung in der Landwirtschaft verlangte den Einsatz immer größerer Maschinen. Der Allradantrieb wurde bei den Ober- und Mittelklasseschleppern zur Standardausstattung. Anfang der 1990er-Jahre tauchten die AgroXtra-Modelle von Deutz-Fahr mit der abgeschrägten Motorhaube auf. Bald folgten andere Hersteller diesem Beispiel. Anlass für diese Entwicklung war, dass der Frontanbauraum zunehmend an Bedeutung gewann: Eine nach vorn schräg abfallende Motorhaube ermöglichte einen besseren Blick auf die Frontanbaugeräte.

Inzwischen hat auch der Computer Einzug in die Traktorentechnik gehalten. Die Schlepper entwickelten sich zu modernen Hightech-Fahrzeugen, die sich mittels der Elektronik im optimalen Betriebszustand halten lassen und sogar über Satelliten gesteuert werden können.

Seit der Übernahme der Traktorensparte von Klöckner-Humboldt-Deutz (KHD) 1995 durch die italienische Same-Gruppe werden die Deutz-Fahr-Schlepper in Lauingen hergestellt. Die Motoren werden zum größten Teil von Deutz bezogen, wie bei diesem Agrotron M 620, dessen Sechszylindermotor eine Nennleistung von 155 PS erbringt.

Der Fendt 412 ist mit einem Vario-Getriebe ausgestattet. Dabei handelt es sich um ein stufenloses Getriebe, bei dem hydrostatische und mechanische Komponenten die Gangschaltung überflüssig machen.

Der Tigre 3200 von Antonio Carraro ist ein vielseitiger Traktor für die Pflege von Park- und Gartenanlagen. Die Leistung seines Dreizylindermotors liegt bei 26 PS. Acht Vorwärts- und vier Rückwärtsgänge ermöglichen eine optimale Geschwindigkeitsanpassung.

In dem italienischen Campodarsego werden von Antonio Carraro leistungsstarke Kompakttraktoren hergestellt. Der TGF ist ein wendiger Traktor mit einem niedrigen Schwerpunkt für Arbeiten in Reihenkulturen wie Weinbergen oder Obstplantagen.

Bei dem TRX von Antonio Carraro handelt es sich um einen gelenkigen Traktor für Plantagen, Weinberge und Reihenkulturen. Er eignet sich auch für Arbeiten auf abschüssigem Gelände, Terassen und auf engen Wegen. Der Fahrerstand lässt sich umkehren, sodass in beide Fahrtrichtungen gearbeitet werden kann.

Seit der Übernahme von Renault Agriculture 2003 ist der Landmaschinenhersteller Claas auch auf dem Traktormarkt stark vertreten. Der Claas Atles 936, der ab 2003 gebaut wurde, besitzt eine Nennleistung von 250 PS. Die Arbeit mit der Grubber-Scheibeneggen-Kombination Centaur von Amazone stellt mit dieser Kraft kein Problem dar.

1987 überraschte Caterpillar die Öffentlichkeit mit seinen Challenger-Traktoren, die sich durch ihre gefederten Bandlaufwerke auszeichneten. Die Laufwerke galten als besonders bodenschonend. Heute gehören die gelben Challenger-Schlepper zum AGCO-Konzern.

Der mit Allradantrieb ausgestattete Lindner 1700 aus Österreich wurde in den 1980er- und 90er-Jahren hergestellt. Als Zielgruppe galten mittelgroße Betriebe. Der Motor leistete 69 PS.

Die M-Serie der finnischen Traktorschmiede Valtra wurde 2003 gestartet. Die Vierzylindermotoren stammen von der ebenfalls finnischen Firma Sisu. Die Leistung der Modelle der M-Serie liegt im Bereich von 120 bis 150 PS.

Massey Ferguson produzierte den MF 398 von 1987 bis 1997 in verschiedenen Ausführungen. Der von Perkins gelieferte Vierzylindermotor erbrachte anfangs eine Maximalleistung von 90 PS. 1988 wurde die Leistung auf 93 PS erhöht. Standardmäßig verfügte der MF 398 über ein Zwölfganggetriebe. Die Höchstgeschwindigkeit lag bei 32 km/h. Nachdem 1991 ein neues Getriebe Verwendung fand, konnten auf der Straße 40 km/h erreicht werden.

Transport

Der Weltmarktführer bei den Ladewagen ist Pöttinger, der seit Jahren eine breite Palette an Lade- und Silierwagen anbietet. Der EuroBoss 250 T besitzt eine Pick-up-Breite von 1,8 Metern und verfügt über ein Ladevolumen von 25 Kubikmetern.

7.000 Kilogramm Stalldung kann ein Wagen wie dieser TWIST 7001 von Pöttinger laden. Wie man sehen kann, wird der Mist über vier senkrecht stehende Walzen abgegeben. Die Streubreite liegt zwischen fünf und acht Metern.

Die österreichischen Reform-Werke sind für originelle Konzepte bekannt. Der Muli ist eine Mischung aus Geräteträger und kleinem Lkw. Mit den Aufbauten als Ladewagen kann das hier gezeigte 80-PS-Modell Muli T8 bis zu 24 Kubikmeter Dürrgut aufnehmen.

Ladewagen und Silierwagen

Das Aufladen des Ernteguts erforderte in früheren Zeiten stets die Mithilfe aller verfügbaren Kräfte. Heu oder Stroh wurden per Hand oder mit der Heugabel auf den Wagen geworfen, oben standen Helfer, die das Erntegut anrichteten. Um diese Arbeit zu erleichtern, montierten die Landmaschinentechniker an den Frontlader des Traktors eine Gabel, mit der die Ernte zusammengeschoben und aufgenommen werden konnte. Aus Norwegen kam der Heuschwanz, ein Gerät mit langen, rechenartigen Zinken, das an der Dreipunktaufhängung angebracht werden konnte und bei der Rückwärtsfahrt das Heu aufnahm. Eine Zange presste dann das Erntegut zusammen, der Heuschwanz wurde hochgehoben und das Material konnte abtransportiert werden.

1960 stellte Ernst Weichel eine Erfindung vor, mit der er die Ernte revolutionierte: den Ladewagen. An den Traktor gehängt, konnte dieser einem Heuwagen ähnelnde „Hamster" – wie Weichel seine Entwicklung nannte – über eine Pick-up ähnlich wie bei einem Heulader das Erntegut klein schneiden und in den Laderaum hoch befördern. Dort sorgte ein Kratzboden für die optimale Verteilung des Grünfutters, Heus oder Strohs. Auf dem Hof konnte man schließlich mechanisch abladen.

Viele Anbieter stützten sich bei ihrer Produktion von Ladewagen auf die Patente Erich Weichels. Pöttinger baute eine interessante Alternative, bei welcher der Ladewagen seitlich versetzt fuhr. Dieser Ladewagen wurde „Pionier" genannt.

Da Weichel nicht über die nötigen Mittel verfügte, um seine Idee selbst zu vermarkten, gab er an verschiedene Hersteller Lizenzen ab, unter anderem an Hagedorn, Mengele, Krone und Fahr. Auch der österreichische Traktorhersteller Steyr stieg 1963 in die erfolgreiche Produktion dieser Erntemaschinen ein. Sein ebenfalls „Hamster" genanntes Produkt wurde 64.000-mal gebaut.

In den 1970er-Jahren avancierte Mengele aus Günzburg zum Marktführer, heute hat Pöttinger diese Position inne, wobei auch Krone ein gewichtiges Wort mitredet.

Einige Hersteller experimentierten mit selbstfahrenden Ladewagen, doch konnte sich ein solches System nicht durchsetzen. Zu einem großen Erfolg wurde hingegen eine andere Weiterentwicklung: der Silierwagen. Dieser funktioniert ähnlich wie ein Ladewagen, kann jedoch das Erntegut dosiert abgeben.

Viele ältere Menschen kennen noch das Heuaufladen mit der Gabel. Die Heuernte war früher ein „Event", das nur durch den Einsatz vieler fleißiger Helfer durchgeführt werden konnte. Ähnliches galt für das Stroh, wie diese Abbildung dokumentiert.

Ein perfektes Arbeitsergebnis zeigt dieser Titan 6/54 GL von Krone. Sechs Förderrechen nehmen das Erntegut auf und bergen es auf der Ladefläche. Ein Schlepper, der mit diesem Wagen arbeiten will, muss eine Leistung von mindesten 100 PS besitzen.

Die meisten Anbieter von Grünlandtechnik haben sich auch mit dem Bau von Ladewagen befasst. Von JF-Stoll stammt der ES 4200 ProTec, ein schwerer Tandemachser, der sich hier in ganzer Länge präsentiert.

Das Agrartechnikunternehmen Mengele mit Sitz in Waldstetten im Osten von Baden-Württemberg war in den 1970er-Jahren der größte Ladewagenproduzent der Welt. Aus dieser Zeit stammt der LW 330, der mit 25 Messern arbeitet und das Erntegut über eine Dreifachförderschwinge aufnimmt.

Anhänger und Miststreuer

Kippwagen eignen sich hervorragend, schüttfähige Ladung aufzunehmen und ohne Aufwand wieder abzugeben. So können sie direkt das geborgene Gut eines Häckslers aufnehmen und gleich abtransportieren.

Schon seit der Erfindung des Rades dienen Wagen dazu, Dinge zu transportieren. Besonders in der Landwirtschaft besaßen Wagen immer einen hohen Stellenwert, denn der Abtransport der Ernte vom Feld war ohne sie praktisch nicht möglich.

Bei der Entwicklung der frühen Traktoren wurde das Ziehen von Wagen als die erste wichtige Aufgabe gesehen. Im Lauf der Zeit wurden die Anhänger immer stabiler gebaut, um mehr Ladung befördern zu können. Das Material Holz wurde langsam durch Metall ersetzt. Außerdem wurde das Fahrwerk verbessert und für schnellere Geschwindigkeiten optimiert. Bremsen wurden eingeführt, denn zu vielen Traktorunfällen kam es wegen schiebender Wagen, die die Zugmaschine in einer Kurve umwarfen.

Eine interessante Variante des Wagens ist der Mist- oder Stalldungstreuer. Er besitzt am Heck einen Streumechanismus, der mit Walzen oder Streutellern arbeitet. Damit wird der Dung in einer Breite von etwa 5 bis 8 Metern auf den Acker gebracht.

Kipplader

Für die Ernte zum Beispiel von Getreide oder Rüben hat sich der Kipplader zu einem wichtigen Transportmittel entwickelt. Schüttgut aller Art kann dank einer hydraulischen Kippeinrichtung bequem von der Ladefläche abgegeben werden. Noch eine Stufe besser sind die modernen Muldenkipper: Dank ihrer abgerundeten Ladefläche kann sich nichts in irgendwelchen Ecken einfressen. Deshalb ist kein aufwendiges Nachsäubern mehr nötig.

Die Kipplader wurden und werden in verschiedenen Größen gebaut. Dabei kann man mehrere Achsanordnungen unterscheiden. Die einfachste ist der Einachser. Der Zweiachser hat an der Vorder- und an der Hinterseite des Wagens eine Achse. Anders verhält es sich bei der Tandemachse: Hier sind die beiden Achsen am hinteren Teil des Anhängers positioniert. Bei der Tridemachse wurde die Tandemachse um ein zusätzliches Radpaar erweitert.

Stalldungstreuer wie dieser MTS 12000 von JF-Stoll besitzen Streuwerke mit Walzen oder Zinken, die die Menge des ausgeworfenen Mists regulieren.

Anhänger gehören zu den wichtigsten landwirtschaftlichen Gebrauchsgütern. Sie dienen dem Transport von Waren, Erntegütern und vielen anderen Produkten. Es gibt eine Vielzahl verschiedener Bauformen und Größen. Auf unserem Bild hängt ein Modell 200 an dem Traktormodell 2680. Beide stammen von Massey Ferguson.

AGCO
9 oben, 18 Mitte, 35, 45, 54 unten links, 61 unten, 76 links, 81, 84 unten, 93 unten, 94 unten, 99, 107 unten, 126 unten, 128 unten, 129 beide, 132/133 135 unten, 137, 143

Allgaier
27 oben, 51, 125 oben

Amazone
13 oben, 13 unten, 21 unten, 23, 24 oben, 28 unten, 34 unten, 38 oben, 41, 43, 52/53, 53 rechts Mitte, 54 unten rechts, 56 unten links, 56/57

Antonio Carraro
134 beide, 135 oben links

Case IH
Titelseite, 5,11, 13 Mitte, 16, 20, 24 unten, 27 Mitte, 29 oben links, 29 unten, 30 oben, 34 oben, 37 unten, 38 unten, 39 oben, 53 oben rechts, 65 unten, 76 rechts , 77 unten, 78 beide, 80 unten links, 82 unten, 83 unten, 84 oben, 86, 88, 96, 98 oben rechts, 100 unten rechts, 110 oben, 111 oben, 118 oben, 119 beide, 120 Mitte, 130 unten, 140 unten

Claas
61 oben, 68/69, 77 oben, 87 beide, 90 oben links, 102/103, 104/105, 109 oben, 112 unten, 114/115, 135 oben rechts

Deere & Co.
6/7, 37 oben, 89 unten, 95, 108, 109 unten, 117 unten, 121 oben

Deutz-Fahr
58, 67, 90 unten, 90/91, 117 Mitte, 125 unten

Eckert
79 unten

Grimme
59 oben, 74, 75 unten

Hagedorn
75 oben

Horsch
22, 47

JCB
117 oben

JF-Stoll
62 unten, 63 unten, 70 unten, 72 Mitte, 110 unten, 111 unten, 141 Mitte, 142 unten

Krone
59 unten, 63 oben und Mitte, 65 oben, 72 oben, 73, 97 unten, 98 oben links, 112 oben, 113, 138, 141 oben

Kuhn
12, 17 oben, 17 Mitte, 17 unten rechts, 27 unten, 28 oben, 29 oben rechts, 32, 33 oben, 39 unten, 42 beide, 53 unten rechts

Kverneland
9 unten, 17 unten links, 18 oben

Lely
62 oben beide, 70 oben

Lemken
18 unten, 24 Mitte, 33 Mitte, 46 beide

Library of Congress
14, 15, 82 oben, 83 oben

Lindner
130 oben, 136 oben

Michael Dörflinger
26 oben, 64 oben, 66 oben, 116/117, 120 unten, 125 Mitte, 126 links oben, 128 oben, 130 Mitte, 132 unten,

Miedema/Structural
33 unten, 142 oben

New Holland
10 unten, 55, 84/85, 90 Mitte, 93 oben, 94 oben, 100 oben links, 106, 107 oben

Porsche-Diesel
26 unten

Pöttinger
30 unten, 48 alle, 59 Mitte, 64 unten, 71 beide, 139 oben und Mitte, 140 oben

Rabe
19, 49

Reform
64 Mitte, 72 unten, 98 unten, 139 unten

Sammlung Michael Dörflinger
8, 21 oben, 60, 66 unten, 80 oben links, 80 oben rechts, 123 beide, 124, 126 oben links, 127, 130/131

Sampo-Rosenlew
88, 89 oben, 92/93

Scientific American
79 oben

Solomon D. Butcher / Library of Congress
118 unten

Väderstad
10 oben, 25, 31, 36, 50, 121 unten

Valtra
122, 136 unten

Welger
97 oben, 100/101, 102 oben links, 102 unten links